暖萌！
玩偶の不織布 手作遊戲

以容易取得的不織布，

來製作喜歡的玩偶會如何呢？

從熟悉的動物到珍稀的生物……

以故事＆人氣節慶為主題等，

本書收錄了豐富的設計。

就請你盡情地作出許多玩偶，享受手作的樂趣！

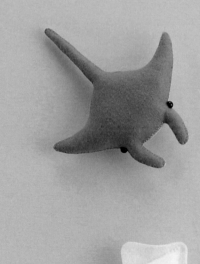

作家介紹

たちばなみよこ
Chiku Chiku…http://www2.odn.ne.jp/chikuchiku/
チビロビン…http://chibirobin.exblog.jp/
トリウミユキ
nikomaki*（柏谷真紀）…http://nikomaki123.tumblr.com/
machiko
松田恵子

CONTENTS

1

可愛！
＆超簡單
動物玩偶

以包含身體・頭・手腳的單片紙型製作而成的玩偶。
由於只要剪下＆縫合兩片相同形狀的不織布，
就算是初學者也能輕鬆完成。

Part 1
調皮の小貓們

1

2

3

擺出精神充沛的模樣＆

以粉蠟筆畫上斑點的小貓們。

將斑點換成三色或虎斑也Good！

作法
P.36

設計・製作／たちばなみよこ

Part 2
小狗們の互瞪遊戲

作法
P.35

雖然是互瞪遊戲的比賽中，

眼睛周圍的斑點

可不是打架造成的瘀青喔！

4

5

6

輪廓簡單，

作法也非常easy！

設計・製作／たちばなみよこ

3

糖果色の
兔子三姊妹

設計・製作／たちばなみよこ

7

8

9

作法
P.37

溫柔色系的可愛兔子們

不管做什麼都在一起，

是感情極好的三姊妹。

如蛋白餅乾般的粉蠟筆色調小熊們，

集合──

準備猜拳來玩捉迷藏囉！

10

11

12

作法
P.42

Part 4
粉蠟筆色調の
熊熊三兄弟

設計・製作／たちばなみよこ

作法
P.38

設計・製作／松田惠子

時尚專家
Part 1 熊貓家族

說到時尚的黑白色系，

我們熊貓是第一名！

就連眼周的下垂眼斑紋也是時髦的風格哩♡

時尚專家
Part 2
企鵝家族

16

17

18

我們企鵝才是最能穿出燕尾服帥氣模樣的

黑白時尚代表No.1！

企鵝寶寶則以灰色詮釋

有別於大人風的輕時尚。

作法
P.40

設計・製作／松田惠子

水豚

19

20

被悠閒的氛圍療癒的水豚。

細細的眼睛看似正在遠眺放空一般，

但實際上確是很在意對方的模樣。

設計・製作／nikomaki*

作法
P.43

狐狸

21

22

作法
P.44

大大的耳朵是迷人重點的狐狸。

將臉埋入蓬鬆的尾巴中，相約一起午睡吧！

設計・製作／nikomaki*

無尾熊母子

作法
P.46

24

23

媽媽的背上是世界最舒服的依靠！

不論何時都想一直在一起的無尾熊母子。

設計・製作／チビロビン

大象母子

作法
P.45

和最喜歡的媽媽用鼻子kiss！

真想快點擁有和媽媽一樣漂亮的鼻子。

25

26

設計・製作／nikomaki*

蝠魟 & 翻車魚

27
蝠魟

28
蝠魟

如在空中飛舞般優雅游泳的蝠魟

& 圓短輪廓的逗趣翻車魚,

在大水槽中吸引了眾人的目光。

29
翻車魚

30
翻車魚

作法
27 · 28
P.48

作法
29 · 30
P.49

腹部 &
大大張開的嘴巴
都充滿真實感!

設計・製作／チビロビン

31

32

33

依種類分住在不同水槽中的超人氣水母們。

輕飄飄的泳姿令人放鬆又療癒。

作法
P.50

設計‧製作╱nikomaki*

動物園の大明星

大猩猩

34

作法 P.51

以充滿肌肉又威風凜凜的姿勢受人矚目的大猩猩。

這帥氣的模樣或許「比人類還帥」吧……

設計・製作／たちばなみよこ

鯨頭鸛

35

一動也不動，端正地直盯著人們的鯨頭鸛。

沉著又堂堂正正的姿態，

真令人想向牠看齊呢！

作法
P.52

設計・製作／たちばなみよこ

深海の偶像

扁面蛸

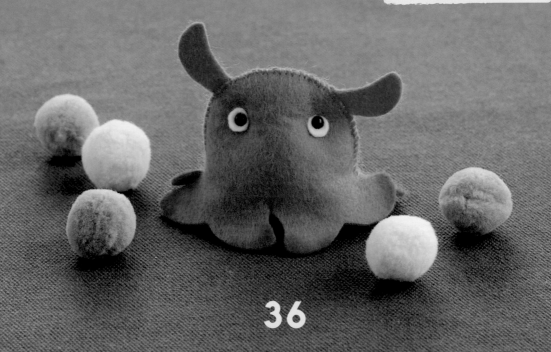

36

泳姿宛如在海中漂浮般的可愛扁面蛸。

你知道牠不會噴墨水嗎？

作法
P.54

設計・製作／たちばなみよこ

受到深海生物粉絲的熱烈支持，

悠游於神祕深海中的巨大身影，

正是名副其實的深海王者──大王烏賊。

深海の王者

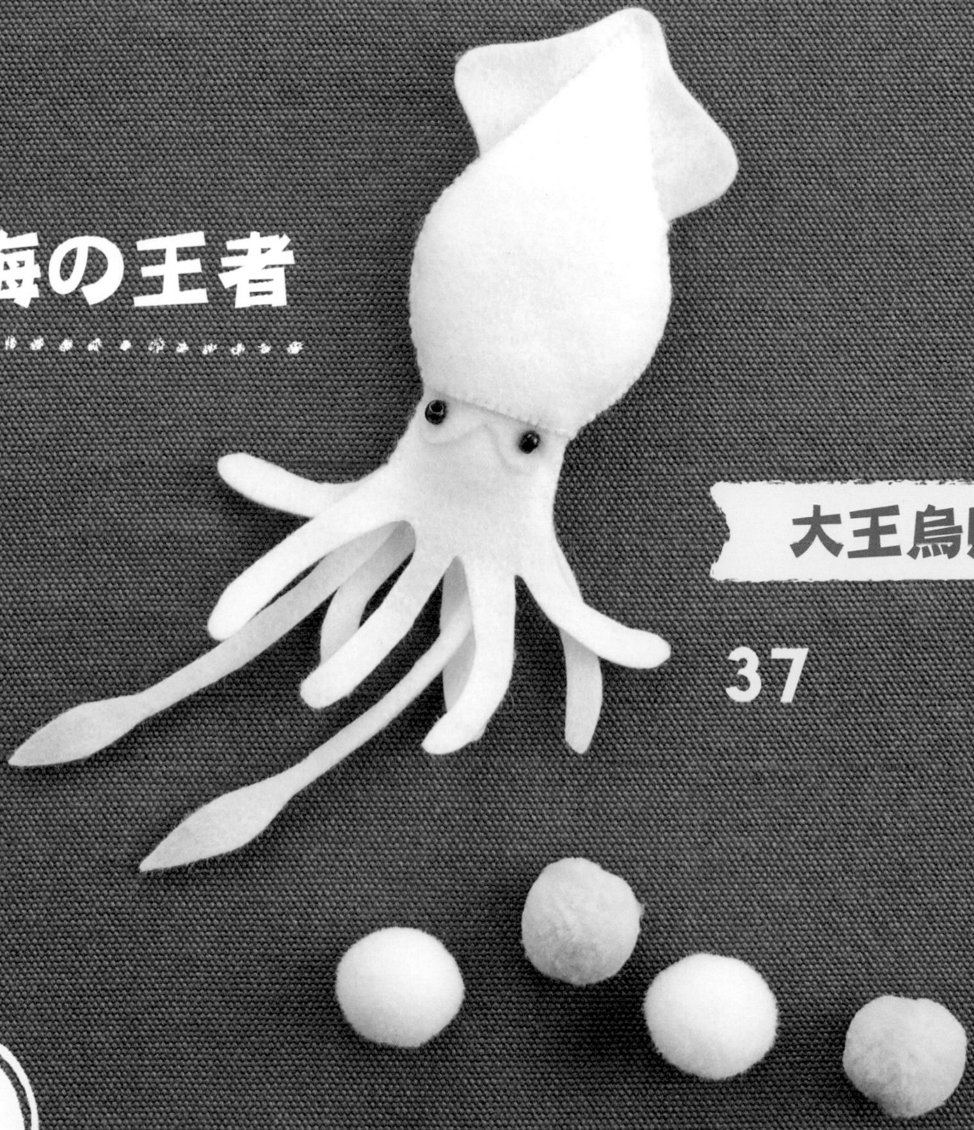

大王烏賊

37

作法
P.55

設計・製作／たちばなみよこ

我家の偶像
1 貓咪

今晚的抓魚遊戲也熱烈展開了……
不可以做假動作喔！

顏色＆花樣各不相同的貓咪們，

除了每晚的魚兒爭奪戰時段之外，

其實感情非常好唷！

38
三花貓

39
襪子貓

40
俄羅斯藍貓

作法
P.58

設計・製作／nikomaki*

設計・製作／チビロビン

41
吉娃娃

42
博美

我家の
偶像
2 狗狗

43
蝴蝶犬

我們雖然品種不同，但感情很好喔！

剛剛也一起去了美容院。

你覺得誰最漂亮呢？

繫上蝴蝶結作為裝飾吧♥

作法
41…P.60
42…P.57
43…P.61

作法
P.63

我家の偶像 3
金魚

44

45

46

設計・製作／トリウミユキ

穿著紅色＆黑色洋裝的金魚們，

加上白色小花就更高雅了！

作法
P.64

設計・製作／トリウミユキ

47

48

49

我家の
偶像
4 烏龜

我家的烏龜們，

大大的眼珠超迷人。

不同顏色的龜殼也很漂亮吧！

喜歡惡作劇の暴龍

50

作法
P.65

以愛撒嬌的圓滾滾眼珠＆牙齒

為魅力重點的暴龍，

偷偷地拿了一大片餅乾。

牠最喜歡這個了！

設計・製作／たちばなみよこ

設計・製作／たちばなみよこ

有著如領口裝飾般的帥氣大角的三角龍，

不為人知的特技，居然是——

滾餅乾？

51

作法
P.66

三角龍の特技

寒～冷國度 の 可愛親子

52 白熊媽媽

53 小白熊

54 海豹媽媽

55 小海豹

作法 52・53 P.68

作法 54・55 P.69

驚嚇表情的白熊

& 英武表情的海豹,

兩組皆是北極圈居民的可愛母子。

設計・製作／松田惠子

在廣闊大海遨遊的海豚＆鯨魚。

在太平洋中互道「你好」，

似乎是彼此熟悉的朋友呢！

56
海豚

太平洋の正中間

57
海豚

58
鯨魚

59
鯨魚

作法
56・57
P.71

作法
58・59
P.74

設計・製作／チビロビン

傳說國度の
獨角獸

60

設計・製作／Chiku Chiku

來自不可思議國度，

少女們的美麗朋友——

獨角獸。

多彩的鬃毛是迷人的目光焦點。

61

作法 P.72

奇幻國度の愛麗絲＆伙伴們

作法
62…P.75
63…P.76
64…P.78

62
柴郡貓

63
白兔

64
愛麗絲

設計・製作／Chiku Chiku

26

作法
65⋯P.80
66⋯P.81
67・68⋯P.82

愛麗絲＆奇幻國度的居民們都到齊了！

咦？瘋帽子呢？

竟然丟下帽子自己外出了。

66
瘋帽子的帽子

65
蛋頭先生

67
撲克牌士兵

68
撲克牌士兵

設計・製作／Chiku Chiku

27

作法
69…P.84   71…P.85
70…P.87   72…P.86

70
蝙蝠

69
幽靈母子

71
傑克南瓜燈

72
黑貓

快樂萬聖節

雖然不擅長變裝，但想體會萬聖節氣氛時……

來作正好派得上用場的玩偶如何呢？

特別推薦作成胸針＆包包吊飾喔！

設計・製作／たちばなみよこ

相當適合作為贈禮的玩偶。

一次多作幾個，作成聖誕樹的吊牌或掛旗，

進行季節性的裝飾超活躍！

聖誕快樂

74
馴鹿

73
雪人

75
聖誕老人

76
聖誕樹

一起愉快地返回
聖誕島吧……

設計・製作／たちばなみよこ

設計・製作／machiko

多彩の鸚鵡

作法 P.94

77

78

背影也很漂亮吧！

在多彩的身體上裝飾花朵，

熱衷於時尚的鸚鵡。

今天也有森林的時尚競賽唷！

背影也很美吧！

貓頭鷹姊妹們也裝飾上花朵囉！

今天的比賽

絕對不能輸給鸚鵡。

79

80

花朵滿滿の貓頭鷹

作法 P.95

設計・製作／machiko

Enjoy!
玩偶の應用提案

在此為你推薦玩偶的各種應用方法。
作成吊飾或掛旗裝飾在房間，
或作成胸針&包包吊飾來當作時尚單品使用吧！

在背面縫上胸針配件，
作成胸針。

在頭部接縫細線或魚線，
作成吊飾。

接縫上包包吊飾用的
鏈條。

縫在緞帶上作成掛旗
也很可愛呢！

開始製作作品之前

市售不織布有邊長18・20・40cm的方形尺寸。
本書使用18cm以下的方形不織布進行製作。

原寸紙型的描法

● 製作厚紙板紙型

以鉛筆將書中的原寸紙型描繪至描圖紙（透明薄紙）或薄紙上。以影印機複印也OK。

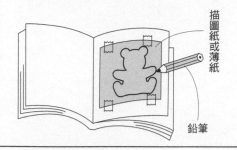

由下而上，依厚紙板、複寫紙、描圖紙的順序重疊，以原子筆等工具沿線描畫，將紙型轉寫至厚紙板上。

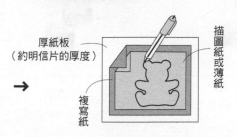

● 製作普通紙張的紙型

在大學筆記本的紙張上直接描寫書中的紙型。大學筆記本的紙張厚度適當中，且有印刷線條作基準，描圖時不易偏移。

描寫時請注意

● 注意1

重疊於下方的部件紙型以虛線表示，描寫時請特別注意，接縫位置皆要仔細標示合印記號。

重疊部件的完成線

接縫位置皆要加上合印記號

● 注意3

需要左右對稱的圖案，其中一片一定要將紙型翻面後，再描寫在不織布上。

● 注意2

在不織布上作刺繡時，要先描上圖案。

也畫上眼睛・嘴巴等

● 注意4

在一張紙型中有 1 2 的編號時，表示有重疊的部件紙型。請分別作出紙型後，再依 1 2 的順序重疊＆進行製作。

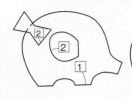

不織布的剪法

由於不織布沒有織紋，可多花些心思配置紙型，盡量不浪費地裁剪。
且應特別注意不要搞錯裁剪片數喔！

● 使用厚紙板紙型時

1. 剪下紙型。

厚紙板
紙型
剪下。

2. 在不織布上描寫紙型線條。

紙型
鉛筆
不織布

使用 B 鉛筆、原子筆、簽字筆、水消筆等皆可。

3. 沿著輪廓線剪下。

沿著輪廓線內側裁剪。
不織布

● 使用普通紙的紙型

1. 在輪廓線周圍留白，剪下紙型。

留白。

2. 將紙型放在不織布上，以膠帶黏貼固定。

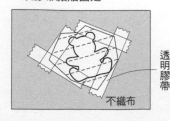

透明膠帶
不織布

3. 連同紙型的紙＆不織布一起裁剪。

不織布

捲針縫	毛邊繡	立針縫
在兩片不織布的邊緣線螺旋狀地進行卷縫。	以毛邊繡縫合時，不織布邊緣可看見縫線。	接縫重疊的不織布部件時適用。針目呈直角的接縫法。

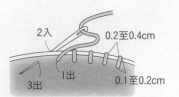

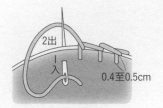

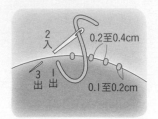

繡線的處理方法

1. 25號繡線僅露出少許線頭，並保留標有色號的標籤紙。

2. 將線頭慢慢拉出至適當長度後剪線。拉出的長度約為指尖到手肘長度+10cm。

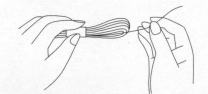

3. 一股一股地拉出細線，分開六股繡線。

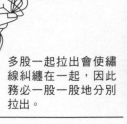

多股一起拉出會使繡線糾纏在一起，因此務必一股一股地分別拉出。

刺繡針法

＜例＞直線繡（紅色‧2股）

　　　　↑　　　↑
　　　顏色　使用○股繡線

「取○股繡線」意指……

需要取幾股繡線穿針。

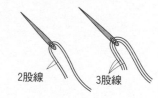

2股線　　3股線

※將繡線一股一股地輕輕拉出，避免繡線扭繞。之後再將指定的繡線股數整理在一起。

平針繡	回針繡	直線繡	緞面繡	輪廓繡
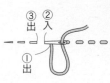	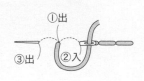	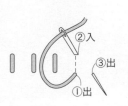	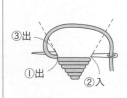	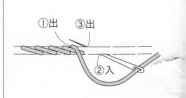

法式結粒繡	飛羽繡	雙重十字繡
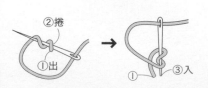	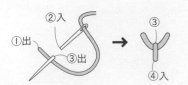	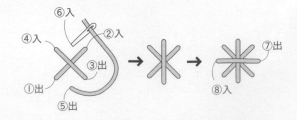

4 材料
· 不織布
（鼠灰色）11cm×12cm
· 大圓珠（黑色）2個
· 25號繡線
（與不織布同色·黑色）
· 手工藝棉花適量
· 粉蠟筆（黑色）

5 材料
· 不織布
（米黃色）9cm×15cm
· 大圓珠（黑色）1個
· 25號繡線
（與不織布同色·黑色）
· 手工藝棉花適量
· 粉蠟筆（黑色）

6 材料
· 不織布
（藍灰色）9cm×15cm
· 大圓珠（黑色）1個
· 25號繡線
（與不織布同色·黑色）
· 手工藝棉花適量
● 縫線使用1股與不織布同色的
　25號繡線。
● 縫合方法&刺繡針法參見P.34。

作法

1 接縫身體&填入棉花。

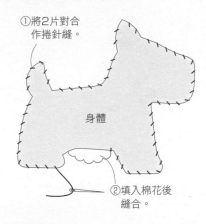

①將2片對合
作捲針縫。

身體

②填入棉花後
縫合。

2 製作臉部表情&加上斑點。

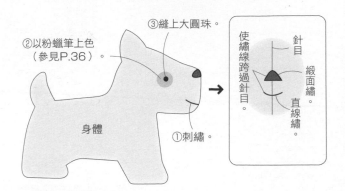

②以粉蠟筆上色
（參見P.36）。

③縫上大圓珠

身體

①刺繡。

使繡線跨過針目。

針目
緞面繡
直線繡

※自身體後片側入針，
穿縫大圓珠&用力拉緊固定。
縫線需穿繞兩次。

3 完成！

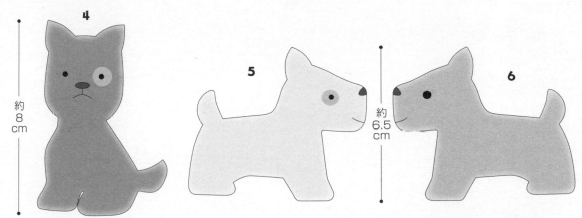

4

約8cm

5

6

約6.5cm

※反轉作品**5**的方向製作作品**6**。

原寸紙型

＊不織布不外加縫份，依紙型線條裁剪即可。

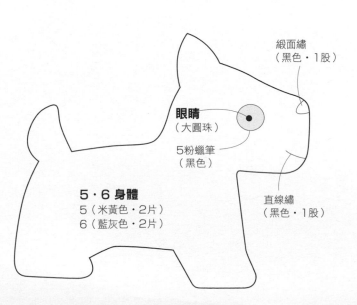

緞面繡
（黑色·1股）

眼睛
（大圓珠）

5粉蠟筆
（黑色）

5·6 身體
5（米黃色·2片）
6（藍灰色·2片）

直線繡
（黑色·1股）

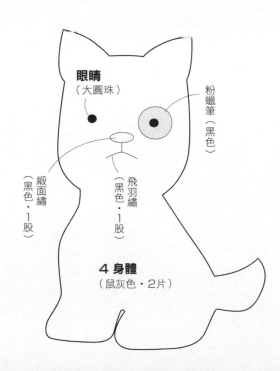

眼睛
（大圓珠）

粉蠟筆
（黑色）

緞面繡
（黑色·1股）

飛羽繡
（黑色·1股）

4 身體
（鼠灰色·2片）

1 材料
- 不織布
（霜降灰）16cm×8cm
- 大圓珠（黑色）2個
- 25號繡線
（灰色·黑色·墨綠色）
- 手工藝棉花適量
- 粉蠟筆（灰色）

2 材料
- 不織布
（淺橘色）11cm×14cm
- 大圓珠（黑色）1個
- 25號繡線
（與不織布同色·黑色·墨綠色）
- 手工藝棉花適量
- 粉蠟筆（黑色）

3 材料
- 不織布
（白色）11cm×14cm
- 大圓珠（黑色）1個
- 25號繡線
（與不織布同色·黑色·墨綠色）
- 手工藝棉花適量
- 粉蠟筆（黑色）
- ●霜降灰的縫線使用灰色，其他取1股與不織布同色的25號繡線。
- ●縫合方法&刺繡針法參見P.34。

作法

1 接縫身體&填入棉花。

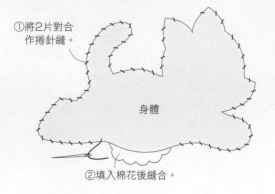

①將2片對合作捲針縫。
②填入棉花後縫合。
身體

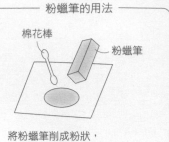

粉蠟筆的用法
棉花棒　粉蠟筆
將粉蠟筆削成粉狀，
以棉花棒暈開&沾附顏色。

2 製作臉部表情&加上斑點。

③以粉蠟筆上色。
①縫上大圓珠。
②刺繡。
身體

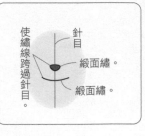

使繡線跨過針目。　針目　緞面繡　緞面繡

※自身體後片側入針，
穿縫大圓珠&用力拉緊固定。
縫線需穿繞兩次。

3 完成！

約7cm
1

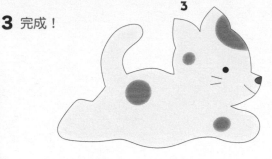

3

約5.5cm
2

※反轉作品**3**的方向製作作品**2**。

原寸紙型
＊不織布不外加縫份，依紙型線條裁剪即可。

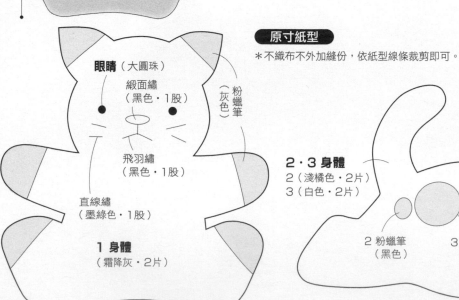

眼睛（大圓珠）
緞面繡（黑色·1股）
粉蠟筆（灰色）
飛羽繡（黑色·1股）
直線繡（墨綠色·1股）
1 身體（霜降灰·2片）

2·3 身體
2（淺橘色·2片）
3（白色·2片）
3 粉蠟筆（黑色）
粉蠟筆（黑色）
眼睛（大圓珠）
緞面繡（黑色·1股）
直線繡（墨綠色·1股）
2 粉蠟筆（黑色）
3 粉蠟筆（黑色）
2 粉蠟筆（黑色）
3 粉蠟筆（黑色）

作法

1 接縫身體&填入棉花。

7 材料
・不織布
　（白色）16cm×10cm
・大圓珠（黑色）2個
・25號繡線
　（與不織布同色・黑色）
・手工藝棉花適量

8 材料
・不織布
　（水藍色）14cm×10cm
・大圓珠（黑色）1個
・25號繡線
　（與不織布同色・黑色）
・手工藝棉花適量

9 材料
・不織布
　（粉紅色）14cm×10cm
・大圓珠（黑色）1個
・25號繡線
　（與不織布同色・黑色）
・手工藝棉花適量
●縫線使用1股與不織布同色的
　25號繡線。
●縫合方法&刺繡針法參見P.34。

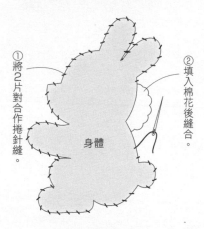

①將2片對合作捲針縫。
②填入棉花後縫合。
身體

2 製作臉部表情。

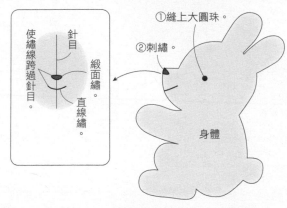

①縫上大圓珠。
②刺繡。

針目
緞面繡。
直線繡。
使繡線跨過針目。
身體

※自身體後片側入針，穿縫大圓珠&
用力拉緊固定。縫線需穿繞兩次。

3 完成！

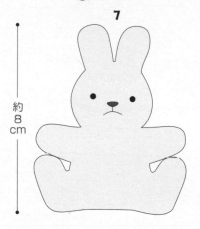

7
約8cm

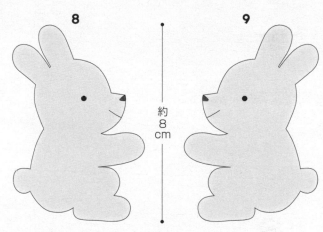

8　　　9
約8cm

※反轉作品**9**的方向製作作品**8**。

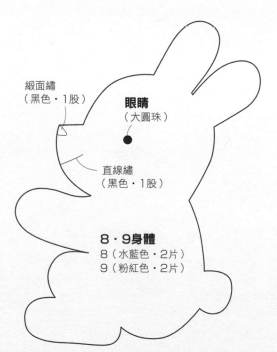

緞面繡
（黑色・1股）

眼睛
（大圓珠）

直線繡
（黑色・1股）

8・9身體
8（水藍色・2片）
9（粉紅色・2片）

原寸紙型

＊不織布不外加縫份，
　依紙型線條裁剪即可。

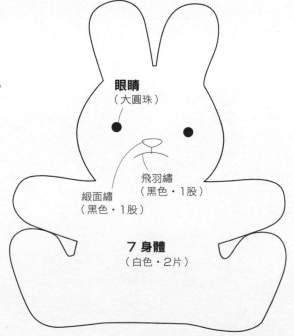

眼睛
（大圓珠）

飛羽繡
（黑色・1股）

緞面繡
（黑色・1股）

7 身體
（白色・2片）

13・14 材料（1件）
- 不織布
  （黑色）15cm×15cm
  （白色）15cm×12cm
- 大圓珠（黑色）1個
- 25號繡線
  （與不織布同色）
- 手工藝棉花適量
- 手工藝用白膠

15 材料
- 不織布
  （黑色）13cm×15cm
  （白色）15cm×11cm
- 大圓珠（黑色）2個
- 25號繡線
  （與不織布同色）
- 手工藝棉花適量
- 手工藝用白膠
- 縫線使用1股與不織布同色的 25號繡線。
- 縫合方法＆刺繡針法參見P.34。
- 原寸紙型參見P.39。

作法

1 製作臉部表情。

縫上大圓珠。 →

眼白

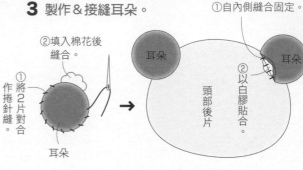

③以白膠貼上。
眼睛周圍
15
頭部前片
②以白膠貼上。
鼻子
①刺繡。

②以白膠貼上。
13・14
①以白膠貼上。

2 接縫頭部＆填入棉花。

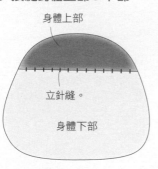

②填入棉花後縫合。
頭部前片
①將2片對合作捲針縫。

3 製作＆接縫耳朵。

②填入棉花後縫合。
①作捲針縫將2片對合。
耳朵

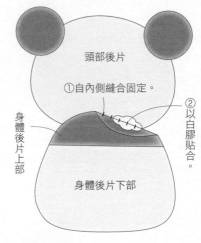

①自內側縫合固定。
耳朵
②以白膠貼合。
頭部後片
耳朵

4 接縫身體上部＆下部。

身體上部
立針縫。
身體下部

5 接縫身體＆填入棉花。

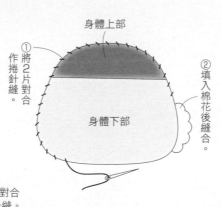

身體上部
①將2片對合作捲針縫。
身體下部
②填入棉花後縫合。

6 接縫頭部＆身體。

頭部後片
①自內側縫合固定。
②以白膠貼合。
身體後片上部
身體後片下部

7 製作＆接縫手・腳・尾巴。

②填入棉花後縫合。
①作捲針縫將2片對合。
手

15腳
①將2片對合作捲針縫。
②填入棉花後縫合。

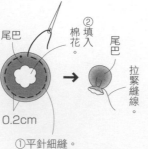

①將2片對合作捲針縫。
13・14腳
②填入棉花後縫合。

尾巴
②填入棉花。
尾巴
①平針細縫。
0.2cm
②填入棉花。
尾巴
拉緊縫線。

①自內側縫合固定。
②以白膠貼合。
手
身體前片下部
②以白膠貼合。
腳

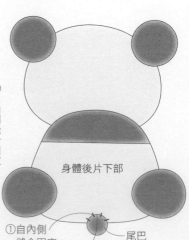

①自內側縫合固定。
身體後片下部
尾巴
②以白膠貼合。

8 完成！

13

14

15

約
10
cm

約
9.5
cm

※反轉作品**14**的方向製作作品**13**。

[原寸紙型]

＊不織布不外加縫份，依紙型線條裁剪即可。
＊□內的數字代表重疊紙型的層次，請分開製作紙型並依數字順序重疊製作。

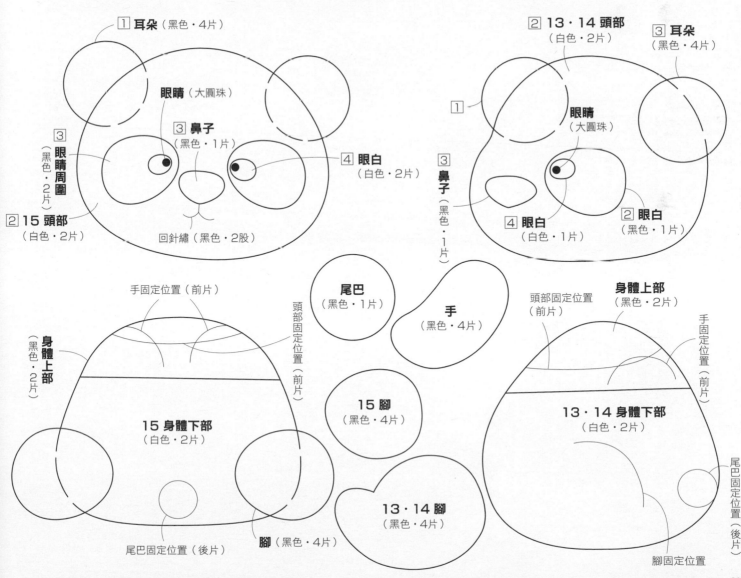

1 耳朵（黑色・4片）

眼睛（大圓珠）

3 鼻子
（黑色・1片）

3
眼睛周圍
（黑色・2片）

4 眼白
（白色・2片）

2 **15** 頭部
（白色・2片）

回針繡（黑色・2股）

2 **13・14** 頭部
（白色・2片）

3 耳朵
（黑色・4片）

1

眼睛
（大圓珠）

3
鼻子
（黑色・1片）

4 眼白
（白色・1片）

2 眼白
（黑色・1片）

手固定位置（前片）

頭部
固定
位置
（前
片）

尾巴
（黑色・1片）

手
（黑色・4片）

頭部固定位置
（前片）

身體上部
（黑色・2片）

身體上部
（黑色・2片）

手
固定
位置
（前
片）

15 身體下部
（白色・2片）

15 腳
（黑色・4片）

13・14 身體下部
（白色・2片）

尾巴
固定
位置
（後片）

13・14 腳
（黑色・4片）

尾巴固定位置（後片）

腳（黑色・4片）

腳固定位置

16 材料
· 不織布
　（黑色）18cm×18cm
　（白色）8cm×8cm
　（橘色）5cm×5cm
· 大圓珠（黑色）2個
· 25號繡線
　（黑色·白色）
· 手工藝棉花適量
· 手工藝用白膠

17 材料
· 不織布
　（黑色）16cm×16cm
　（白色）11cm×10cm
　（橘色）6cm×6cm
· 大圓珠（黑色）2個
· 25號繡線
　（黑色·白色）
· 手工藝棉花適量
· 手工藝用白膠

18 材料
· 不織布
　（霜降灰）16cm×16cm
　（白色）11cm×10cm
　（黑色）6cm×6cm
· 大圓珠（黑色）2個
· 25號繡線
　（灰色·白色·黑色）
· 手工藝棉花適量
· 手工藝用白膠
●霜降灰的縫線使用灰色，其他取1股與
　不織布同色的25號繡線。
●縫合方法＆刺繡針法參見P.34。
●原寸紙型參見P.41。

作法

1 將身體接縫上腹部。

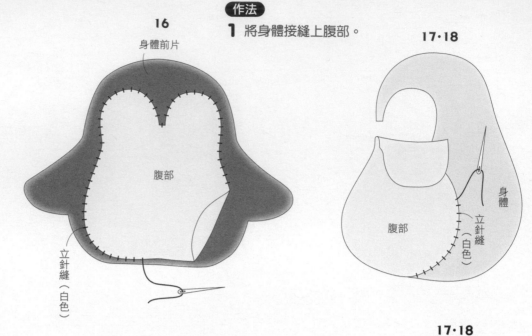

16
身體前片
腹部
立針縫（白色）

17·18
身體
腹部
立針縫（白色）

2 縫上大圓珠。

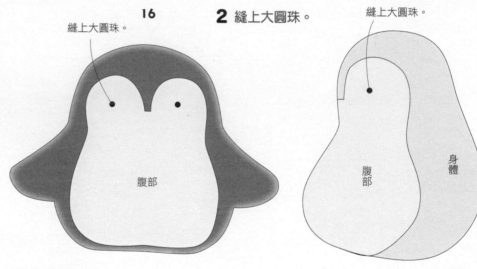

16
縫上大圓珠。
腹部

17·18
縫上大圓珠。
腹部
身體

3 接縫身體＆填入棉花。

4 貼上腳·鳥喙·手（僅17·18）。

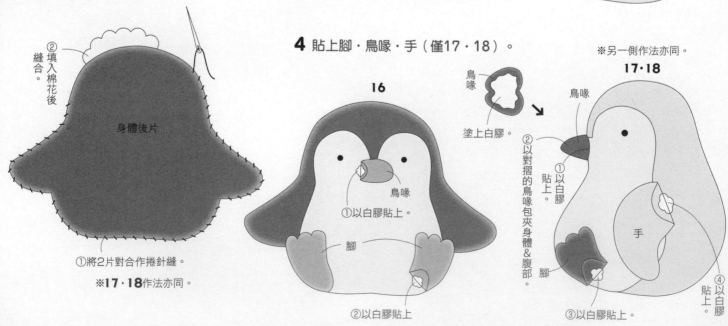

②填入棉花後縫合。
身體後片
①將2片對合作捲針縫。
※**17·18**作法亦同。

16
鳥喙
①以白膠貼上。
腳
②以白膠貼上

鳥喙
塗上白膠

※另一側作法亦同。
17·18
鳥喙
①以白膠貼上。
②以對摺的鳥喙包夾身體＆腹部。
手
腳
③以白膠貼上。
④以白膠貼上。

5 完成！

16

17

18

約 8.5 cm

約 9.5 cm

※反轉作品**18**的方向製作作品**17**。

原寸紙型

＊不織布不外加縫份，依紙型線條裁剪即可。
＊★＝重疊部分。
＊□內的數字代表重疊紙型的層次，請分開製作紙型並依
　數字順序重疊製作。

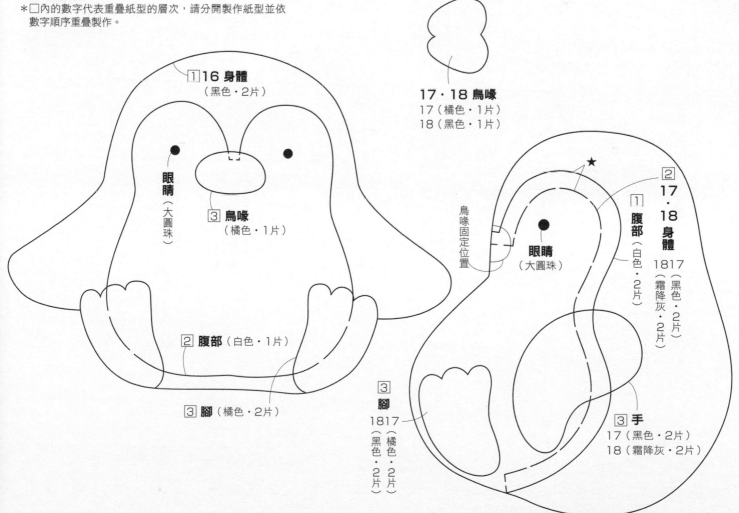

1 **16 身體**
（黑色・2片）

眼睛（大圓珠）

3 **鳥喙**
（橘色・1片）

2 **腹部**（白色・1片）

3 **腳**（橘色・2片）

17・18 鳥喙
17（橘色・1片）
18（黑色・1片）

鳥喙固定位置

★

眼睛（大圓珠）

2 **17・18 身體**
1817
（黑色・2片）
（霜降灰・2片）

1 **腹部**
（白色・2片）

3 **腳**
1817
（黑色・2片）
（橘色・2片）

3 **手**
17（黑色・2片）
18（霜降灰・2片）

41

10 材料
・不織布
（淺黃色）14cm×10cm
・大圓珠（黑色）1個
・25號繡線
（與不織布同色・黑色）
・手工藝棉花適量

11 材料
・不織布
（淺綠色）14cm×10cm
・大圓珠（黑色）1個
・25號繡線
（與不織布同色・黑色）
・手工藝棉花適量

12 材料
・不織布
（淺橘色）15cm×9cm
・大圓珠（黑色）2個
・25號繡線
（與不織布同色・黑色）
・手工藝棉花適量
●縫線使用1股與不織布同色的
25號繡線。
●縫合方法&刺繡針法參見P.34。

作法

1 接縫身體&填入棉花。

①將2片對合作捲針縫。
②填入棉花後縫合。
身體

2 製作臉部表情。

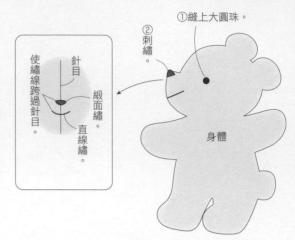

①縫上大圓珠。
②刺繡。
使繡線跨過針目・針目・緞面繡・直線繡。
身體

※自身體後片側入針，穿縫大圓珠&用力拉緊固定。縫線需穿繞兩次。

3 完成！

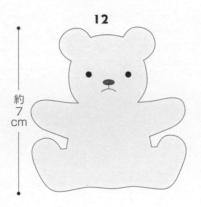

12　約7cm

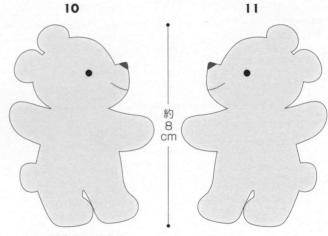

10　11　約8cm

※反轉作品11的方向製作作品10。

原寸紙型
＊不織布不外加縫份，依紙型線條裁剪即可。

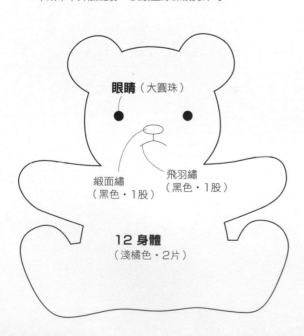

眼睛（大圓珠）
緞面繡（黑色・1股）
飛羽繡（黑色・1股）
12 身體（淺橘色・2片）

緞面繡（黑色・1股）
眼睛（大圓珠）
直線繡（黑色・1股）
10・11身體
10（淺黃色・2片）
11（淺綠色・2片）

19 材料
· 不織布
（米黃色）15cm×6cm
（黑色）2cm×2cm
· 25號繡線
（與不織布同色·焦茶色）
· 手工藝棉花適量
· 色鉛筆（橘色）

20 材料
· 不織布
（亮棕色）15cm×6cm
（黑色）2cm×2cm
· 25號繡線
（與不織布同色·焦茶色）
· 手工藝棉花適量
· 色鉛筆（橘色）
●縫線使用1股與不織布同色的25號繡線。
●縫合方法&刺繡針法參見P.34。

作法

1 在身體上進行刺繡。

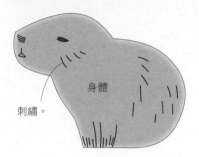

刺繡。
身體

2 接縫身體&填入棉花。

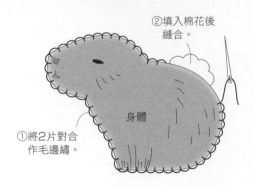

②填入棉花後
縫合。
①將2片對合
作毛邊繡。
身體

3 縫上耳朵。

立針縫。
耳朵

4 以色鉛筆上色。

以色鉛筆上色。

5 完成！

20

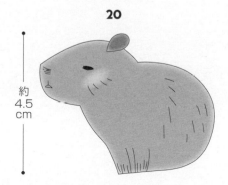

約
4.5
cm

19

※反轉作品**20**的方向製作作品**19**。

原寸紙型

＊不織布不外加縫份，依紙型線條裁剪即可。
＊□內的數字代表重疊紙型的層次，請分開製作紙型並依
　數字順序重疊製作。

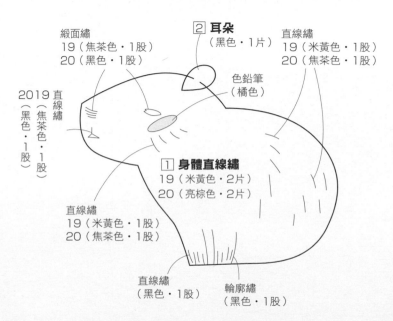

緞面繡
19（焦茶色·1股）
20（黑色·1股）

2 **耳朵**
（黑色·1片）

直線繡
19（米黃色·1股）
20（焦茶色·1股）

色鉛筆
（橘色）

2019
直線繡（焦茶色·1股）
（黑色·1股）

1 **身體直線繡**
19（米黃色·2片）
20（亮棕色·2片）

直線繡
19（米黃色·1股）
20（焦茶色·1股）

直線繡
（黑色·1股）

輪廓繡
（黑色·1股）

21 材料
・不織布
（霜降灰）13cm×10cm
・25號繡線
（亮灰色・焦茶色・淺綠色）
・手工藝棉花適量
・色鉛筆（粉紅色）
22 材料
・不織布
（米黃色）13cm×10cm
・25號繡線
（與不織布同色・焦茶色）
・手工藝棉花適量
・色鉛筆（橘色）
●霜降灰的縫線使用灰色，
　其他取1股與不織布同色的25號繡線。
●縫合方法＆刺繡針法參見P.34。

作法

1 在頭部進行刺繡。

頭部前片

刺繡。

2 接縫頭部＆填入棉花。

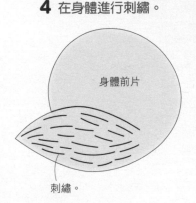

①將2片對合作毛邊繡。
②填入棉花後縫合。
頭部前片

3 以色鉛筆上色。

頭部前片

以色鉛筆上色。

4 在身體進行刺繡。

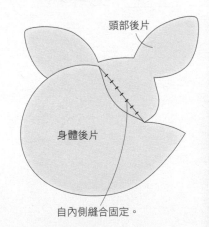

身體前片

刺繡。

原寸紙型

＊不織布不外加縫份，依紙型線條裁剪即可。

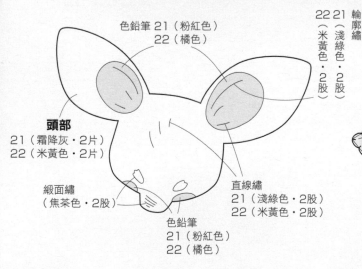

色鉛筆 21（粉紅色）
　　　 22（橘色）

頭部
21（霜降灰・2片）
22（米黃色・2片）

緞面繡
（焦茶色・2股）

色鉛筆
21（粉紅色）
22（橘色）

輪廓繡
22 21
（米黃色・2股）（淺綠色・2股）

直線繡
21（淺綠色・2股）
22（米黃色・2股）

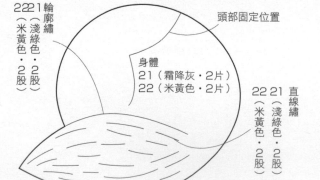

輪廓繡
22 21
（米黃色・2股）（淺綠色・2股）

身體
21（霜降灰・2片）
22（米黃色・2片）

頭部固定位置

直線繡
22 21
（米黃色・2股）（淺綠色・2股）

5 接縫身體＆填入棉花。

②填入棉花後縫合。
身體前片
①將2片對合作毛邊繡。

6 接縫頭部＆身體。

頭部後片
身體後片
自內側縫合固定。

7 完成！

22

21

約6cm

※反轉作品**22**的方向製作作品**21**。

25 材料
・不織布
　（霜降灰）7cm×5cm
　（螢光黃綠）7cm×5cm
　（淺黃色）5cm×3cm
　（藍灰色）3cm×2cm
・25號繡線
　（灰色・淺黃色・橘色・黑色）
・手工藝棉花適量
・手工藝用白膠
・色鉛筆（粉紅色）

26 材料
・不織布
　（霜降灰）8cm×6cm
　（螢光黃綠）8cm×6cm
　（金黃色）6cm×3cm
　（螢光粉紅）4cm×2cm
・布料（點點）4cm寬2cm
・25號繡線
　（灰色・金黃色・橘色・黑色）
・手工藝棉花適量
・手工藝用白膠
・色鉛筆（粉紅色）
●霜降灰的縫線使用灰色，其他取1股
　與不織布同色的25號繡線。
●縫合方法＆刺繡針法參見P.34。
●原寸紙型參見P.62。

作法

1 在身體進行刺繡。

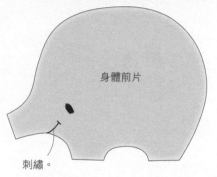

身體前片

刺繡。

2 製作耳朵。

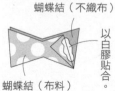

耳朵

耳朵

將2片對合作毛邊繡。

3 製作蝴蝶結。

蝴蝶結（不織布）

以白膠貼合。

蝴蝶結（布料）

4 將身體接縫上耳朵＆蝴蝶結。

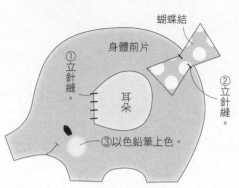

蝴蝶結

①立針縫。

身體前片

耳朵

②立針縫。

③以色鉛筆上色。

5 接縫身體＆填入棉花。

②填入棉花後縫合。

①將2片對合作毛邊繡（灰色）。

身體前片

6 縫上尾巴。

26

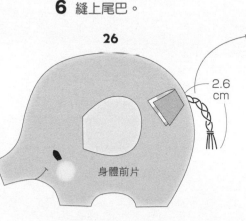

2.6cm

身體前片

針目

穿縫6股線。

20cm長的繡線
25（淺黃色）
26（金黃色）

針目

4股　　4股

4股

※每4股分為1束。

針目

三股編。

針目

①打結固定。

②修剪整齊。

25

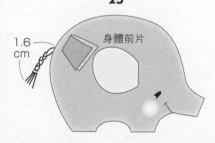

1.6cm

身體前片

7 完成！

25

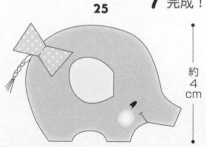

約4cm

26

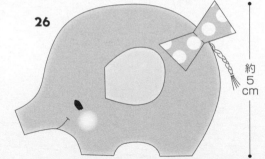

約5cm

23 材料
・不織布
　（霜降灰）14cm×13cm
　（淺粉紅色）5cm×3cm
　（黑色）1cm×2cm
・插入式豆豆眼
　（黑色 5mm）2個
・25號繡線
　（灰色・淺粉紅色・黑色）
・手工藝棉花適量
・粉蠟筆（粉紅色）

24 材料
・不織布
　（霜降灰）12cm×11cm
　（淺粉紅色）4cm×2cm
　（黑色）1cm×2cm
・插入式豆豆眼
　（黑色 4.5mm）2個
・25號繡線
　（灰色・淺粉紅色・黑色）
・手工藝棉花適量
・粉蠟筆（粉紅色）
●霜降灰的縫線使用灰色，其他取1股與
　不織布同色的25號繡線。
●縫合方法&刺繡針法參見P.34。
●原寸紙型參見P.47。

作法

1 縫上鼻子&進行刺繡。

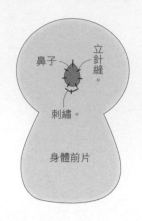

3 製作耳朵。

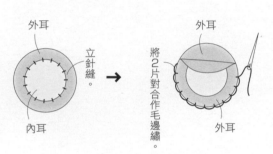

2 接縫身體&填入棉花。

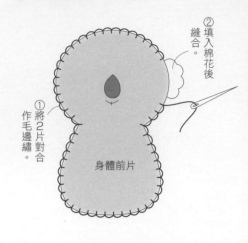

4 製作手。

5 製作腳。

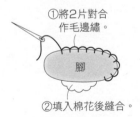

7 接上眼睛（插入式豆豆眼）。

6 縫上手・腳・耳朵。

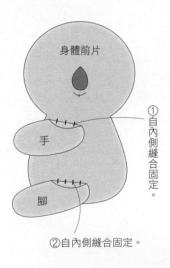

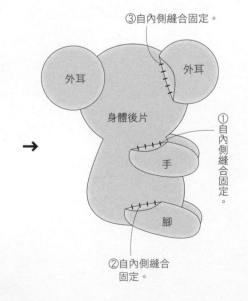

46

8 以粉蠟筆上色。

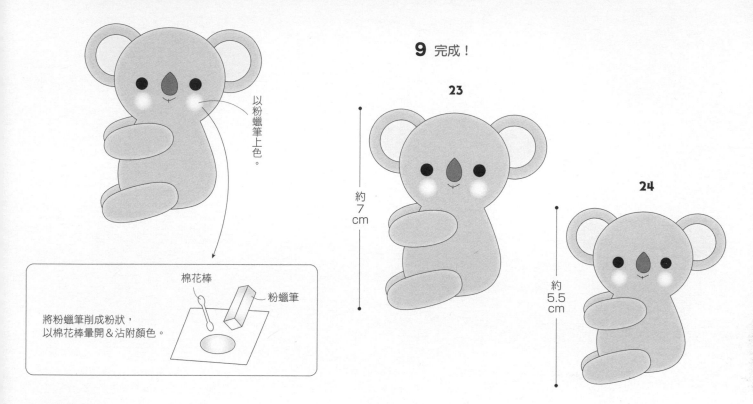

以粉蠟筆上色。

將粉蠟筆削成粉狀，
以棉花棒暈開＆沾附顏色。

棉花棒

粉蠟筆

9 完成！

23

約7cm

24

約5.5cm

原寸紙型

＊不織布不外加縫份，依紙型線條裁剪即可。
＊□內的數字代表重疊紙型的層次，
　請分開製作紙型並依數字順序重疊製作。

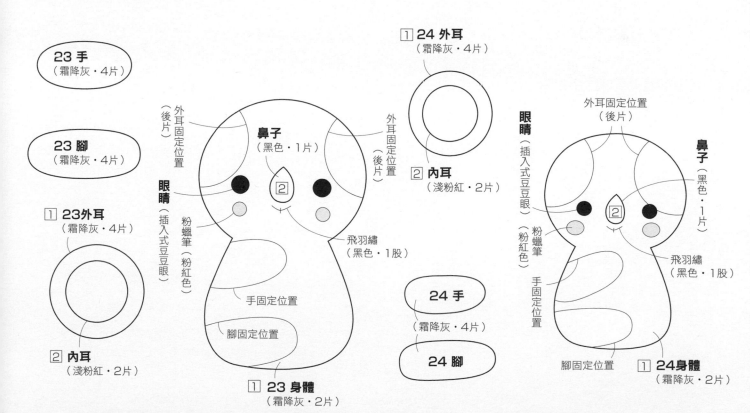

23 手
（霜降灰・4片）

23 腳
（霜降灰・4片）

① **23外耳**
（霜降灰・4片）

② **內耳**
（淺粉紅・2片）

外耳固定位置
（後片）

鼻子
（黑色・1片）

外耳固定位置
（後片）

②

眼睛（插入式豆豆眼）

粉蠟筆（粉紅色）

飛羽繡
（黑色・1股）

手固定位置

腳固定位置

① **23 身體**
（霜降灰・2片）

① **24 外耳**
（霜降灰・4片）

② **內耳**
（淺粉紅・2片）

24 手
（霜降灰・4片）

24 腳

眼睛（插入式豆豆眼）

外耳固定位置
（後片）

②

粉蠟筆（粉紅色）

鼻子（黑色・1片）

飛羽繡
（黑色・1股）

手固定位置

腳固定位置

① **24 身體**
（霜降灰・2片）

27 材料
- 不織布
  （藍灰色・白色）13cm×11cm
  （淺粉紅色）5cm×3cm
- 插入式豆豆眼
  （黑色 4.5mm）2個
- 25號繡線
  （藍灰色・淺粉紅色・灰色）
- 手工藝棉花適量
- 手工藝用白膠

28 材料
- 不織布
  （薩克斯藍・白色）13cm×11cm
  （淺粉紅色）5cm×3cm
- 插入式豆豆眼
  （黑色 4.5mm）2個
- 25號繡線
  （薩克斯藍・淺粉紅色・灰色）
- 手工藝棉花適量
- 手工藝用白膠
- ●縫線使用1股與不織布同色的25號繡線。
- ●縫合方法＆刺繡針法參見P.34。
- ●原寸紙型參見P.70。

作法

1 在身體（腹部側）上進行刺繡。

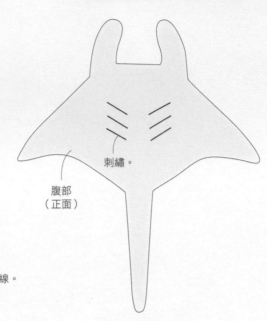

刺繡。

腹部
（正面）

2 縫製嘴巴＆接縫在身體上。

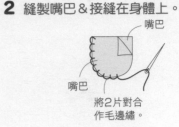

嘴巴

嘴巴

將2片對合
作毛邊繡。

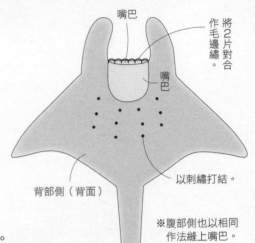

嘴巴

將2片對合作毛邊繡。

嘴巴

以刺繡打結。

背部側（背面）

※腹部側也以相同
作法縫上嘴巴。

4 接上眼睛（插入式豆豆眼）。

②沾上白膠插入。

豆豆眼
插入式

①以錐子鑽孔。

背部側

3 接縫身體＆填入棉花。

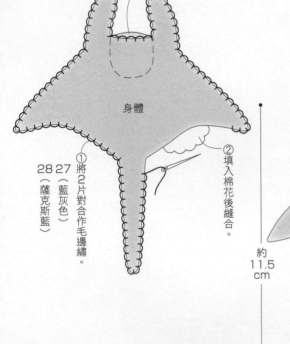

嘴巴

身體

28 27
（薩克斯藍）（藍灰色）

①將2片對合作毛邊繡。

②填入棉花後縫合。

5 完成！

28

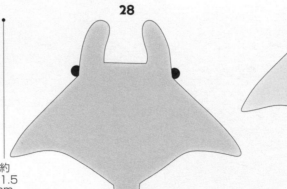

約
11.5
cm

27

作法

1 接縫身體＆腹部。

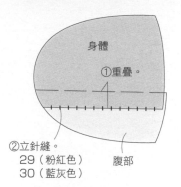

身體

①重疊。

②立針縫。
29（粉紅色）
30（藍灰色）

腹部

2 縫上嘴巴＆胸鰭。

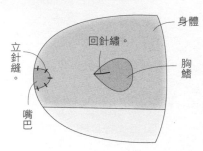

身體
回針繡。
立針縫。
胸鰭
嘴巴

29 材料
・不織布
　（粉紅色）12cm×5cm
　（深粉紅色）10cm×5cm
　（白色）6cm×5cm
・插入式豆豆眼
　（黑色 5mm）2個
・25號繡線
　（與不織布同色）
・手工藝棉花適量
・手工藝用白膠

30 材料
・不織布
　（藍灰色）12cm×5cm
　（藍色）10cm×5cm
　（白色）6cm×5cm
・插入式豆豆眼
　（黑色 5mm）2個
・25號繡線
　（與不織布同色）
・手工藝棉花適量
・手工藝用白膠
●縫線使用1股與不織布同色的25號繡線。
●縫合方法＆刺繡針法參見P.34。
●原寸紙型參見P.93。

3 貼上背鰭＆尾鰭。

在重疊處塗上白膠。

背鰭

背鰭

尾鰭

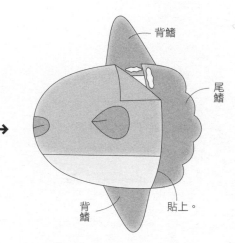

背鰭
尾鰭
背鰭
貼上。

4 接縫身體＆填入棉花。

①將2片對合作毛邊繡。

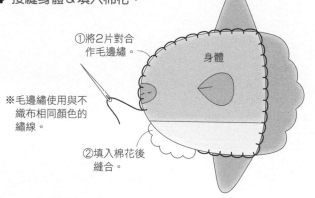

身體

※毛邊繡使用與不織布相同顏色的繡線。

②填入棉花後縫合。

5 刺繡。

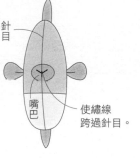

針目

嘴巴

使繡線跨過針目。

7 完成！

29

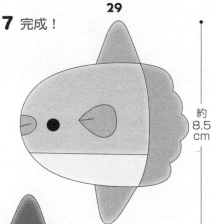

約8.5cm

6 作出凹陷處＆接上眼睛
　（插入式豆豆眼）。

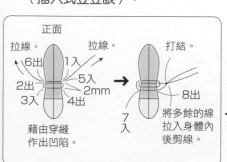

正面
拉線。　　拉線。
6出　　1入
2出　　5入
3入　2mm　4出
藉由穿縫作出凹陷。

打結。
8出
7入
將多餘的線拉入身體內後剪線。

③塗上白膠，插入眼睛。

②以錐子將身體前後片一起穿出孔洞。

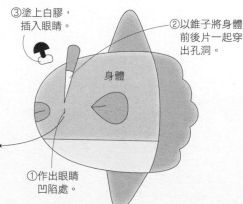

身體

①作出眼睛凹陷處。

30

31材料
・不織布
　（白色）10cm×9cm
　（淺粉紅色）6cm×3cm
・25號繡線
　（與不織布同色・焦茶色）
・手工藝棉花適量
・色鉛筆（橘色）

32材料
・不織布
　（白色）10cm×9cm
　（淺綠色）6cm×3cm
・25號繡線
　（與不織布同色・焦茶色）
・手工藝棉花適量
・色鉛筆（橘色）

33材料
・不織布
　（白色）10cm×9cm
　（水藍色）6cm×3cm
・25號繡線
　（與不織布同色・焦茶色）
・手工藝棉花適量
・色鉛筆（橘色）
●縫線使用1股與不織布同色的
　25號繡線。
●縫合方法＆刺繡針法參見P.34。

作法

1 接縫身體＆頭部。

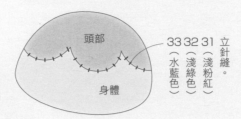

立針縫。

33（水藍色）
32（淺綠色）
31（淺粉紅）

2 刺繡。

身體

刺繡。

3 製作腳。

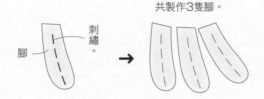

腳

刺繡。

共製作3隻腳。

4 接縫身體＆填入棉花。

※毛邊繡使用與不織布相同
　顏色的繡線。

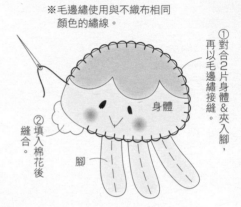

①對合2片身體＆夾入腳，
　再以毛邊繡接縫。

②填入棉花後
　縫合。

身體

腳

原寸紙型

＊不織布不外加縫份，依紙型線條裁剪即可。
＊★＝重疊部分。
＊□內的數字代表重疊紙型的層次，
　請分開製作紙型並依數字順序重疊製作。

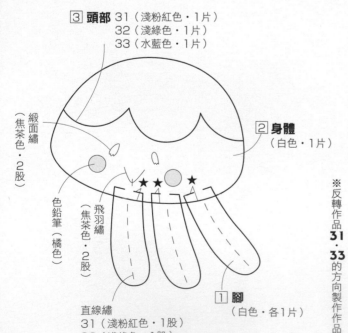

③ **頭部** 31（淺粉紅色・1片）
　　　　　32（淺綠色・1片）
　　　　　33（水藍色・1片）

緞面繡
（焦茶色・2股）

色鉛筆（橘色）

飛羽繡
（焦茶色・2股）

② **身體**
（白色・1片）

直線繡
31（淺粉紅色・1股）
32（淺綠色・1股）
33（水藍色・1股）

① **腳**
（白色・各1片）

5 以色鉛筆上色。

以色鉛筆上色。

身體

6 完成！

33

32

※反轉作品31・33的方向製作作品32。

31

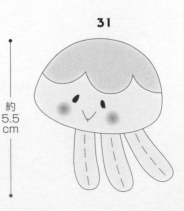

約5.5cm

材料
・不織布
　（藍灰色）18cm×18cm
　（霜降灰）5cm×5cm
　（鼠灰色）2cm×1cm
・大圓珠（黑色）2個
・25號繡線
　（藍灰色・黑色・灰色）
・手工藝棉花適量
●霜降灰的縫線使用灰色，
　其他取1股與不織布同色的25號繡線。
●縫合方法＆刺繡針法參見P.34。
●原寸紙型參見P.53。

作法

1 製作臉部表情＆縫上耳朵。

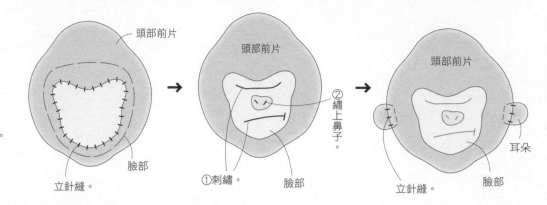

頭部前片　臉部　立針縫。

①刺繡。　②繡上鼻子。　臉部　立針縫。　耳朵　臉部

2 接縫頭部＆填入棉花。

②填入棉花後縫合。　頭部後片　①將2片對合作捲針縫。

3 縫上眼睛（大圓珠）。

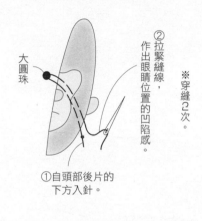

大圓珠　②拉緊縫線，作出眼睛位置的凹陷感。　※穿縫2次。　①自頭部後片的下方入針。

4 接縫身體＆填入棉花。

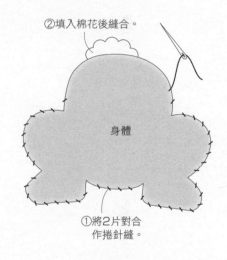

②填入棉花後縫合。　身體　①將2片對合作捲針縫。

5 接縫手臂＆填入棉花。

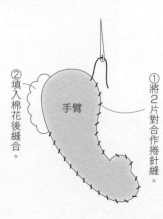

②填入棉花後縫合。　手臂　①將2片對合作捲針縫。

6 將身體接縫上頭部＆手臂。

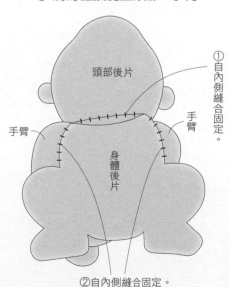

頭部後片　①自內側縫合固定。　手臂　手臂　身體後片　②自內側縫合固定。

7 完成！

約11cm

51

作法

材料
- 不織布
  （鼠灰色）15cm×11cm
  （米黃色）9cm×6cm
  （霜降灰）6cm×5cm
- 香菇釦
  （黑色 4mm）2個
- 25號繡線
  （鼠灰色・米黃色・黑色・灰色）
- 手工藝棉花適量
- 霜降灰的縫線使用灰色，
  其他取1股與不織布同色的25號繡線。
- 縫合方法＆刺繡針法參見P.34。
- 原寸紙型參見P.53。

1 在頭部前片刺繡，並縫上頭部羽毛。

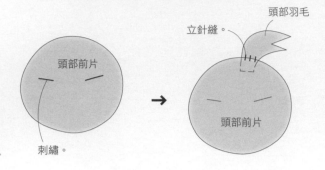

2 接縫頭部＆填入棉花。

3 在鳥喙上片進行刺繡。

4 接縫鳥喙＆填入棉花。

5 接縫頭部＆鳥喙上片。

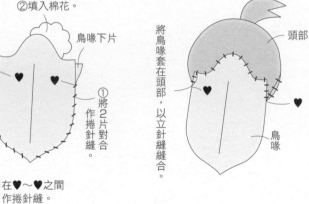

6 縫上眼睛（香菇釦）。

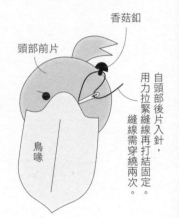

7 將身體前片接縫上腳＆尾羽。

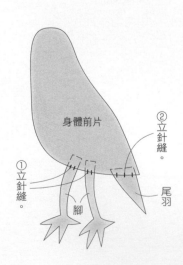

8 接縫身體＆填入棉花。

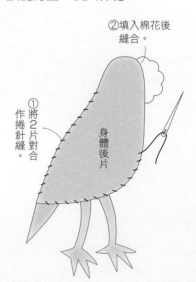

9 接縫頭部＆身體。

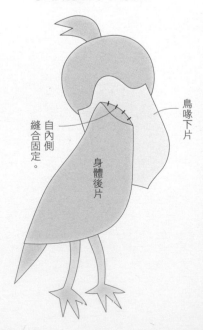

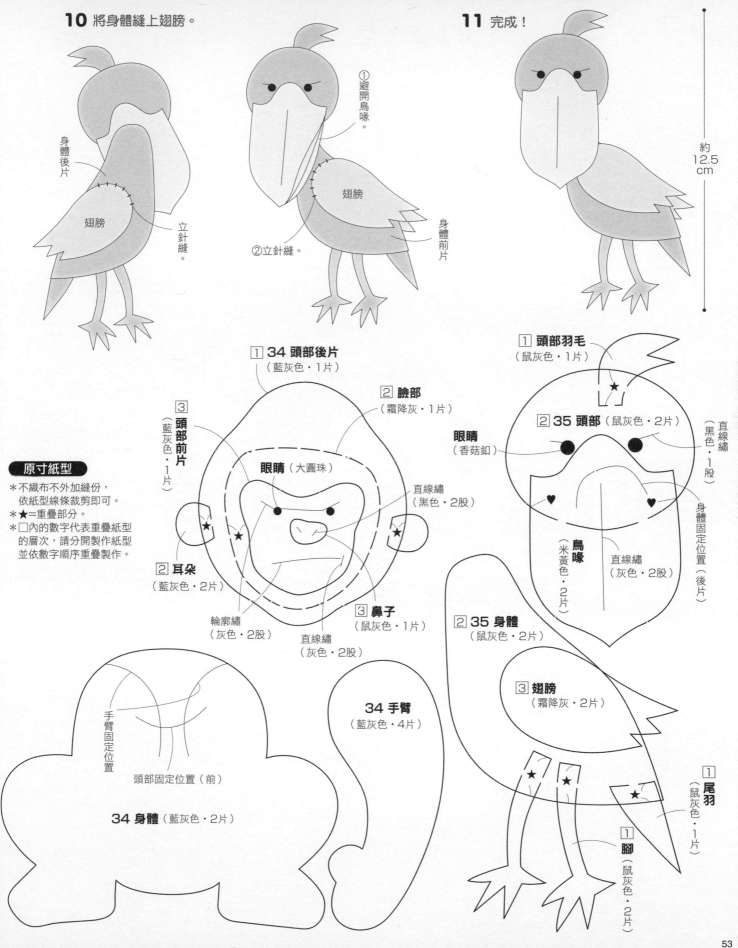

10 將身體縫上翅膀。

身體後片

翅膀

立針縫。

①避開鳥喙。

翅膀

②立針縫。

身體前片

11 完成！

約
12.5
cm

原寸紙型

＊不織布不外加縫份，
　依紙型線條裁剪即可。
＊★＝重疊部分。
＊□內的數字代表重疊紙型
　的層次，請分開製作紙型
　並依數字順序重疊製作。

1 34 頭部後片
（藍灰色・1片）

2 臉部
（霜降灰・1片）

3 頭部前片
（藍灰色・1片）

眼睛（大圓珠）

直線繡
（黑色・2股）

2 耳朵
（藍灰色・2片）

輪廓繡
（灰色・2股）

直線繡
（灰色・2股）

3 鼻子
（鼠灰色・1片）

1 頭部羽毛
（鼠灰色・1片）

2 35 頭部（鼠灰色・2片）

眼睛
（香菇釦）

直線繡
（黑色・1股）

身體固定位置
（後片）

鳥喙
（米黃色・2片）

直線繡
（灰色・2股）

2 35 身體
（鼠灰色・2片）

3 翅膀
（霜降灰・2片）

1 尾羽
（鼠灰色・1片）

1 腳
（鼠灰色・2片）

手臂固定位置

頭部固定位置（前）

34 身體（藍灰色・2片）

34 手臂
（藍灰色・4片）

53

材料
・不織布
　（珊瑚粉紅）13cm×13cm
　（白色）2cm×2cm
・香菇釦
　（黑色 3.5mm）2個
・25號繡線
　（珊瑚粉紅・黑色）
・手工藝棉花適量
・粉蠟筆（深粉紅色）
●縫線使用1股與不織布同色的25號繡線。
●縫合方法＆刺繡針法參見P.34。
●原寸紙型參見P.56。

作法

1 將身體前片縫上鰭。

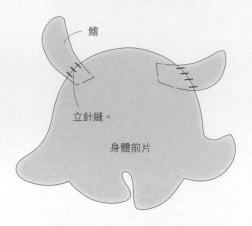

鰭

立針縫。

身體前片

2 接縫身體。

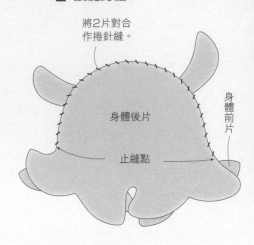

將2片對合
作捲針縫。

身體後片

身體前片

止縫點

3 填入棉花。

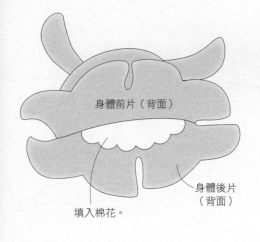

身體前片（背面）

填入棉花。

身體後片
（背面）

4 接縫底部。

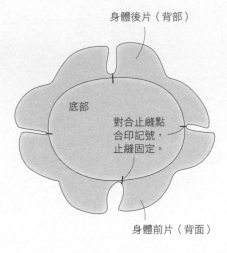

身體後片（背部）

底部

對合止縫點
合印記號，
止縫固定。

身體前片（背面）

5 縫上眼白＆眼珠（香菇釦）。

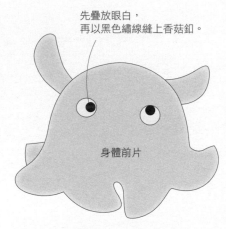

先疊放眼白，
再以黑色繡線縫上香菇釦。

身體前片

※自身體後片側入針，穿縫香菇釦＆
　用力拉緊固定。縫線需穿繞兩次。

6 以粉蠟筆上色。

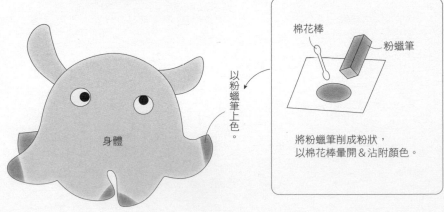

身體

以粉蠟筆上色。

棉花棒

粉蠟筆

將粉蠟筆削成粉狀，
以棉花棒暈開＆沾附顏色。

7 完成！

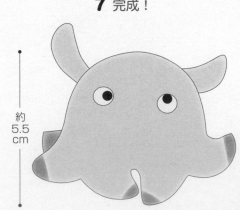

約
5.5
cm

材料
・不織布
　（白色）18cm×18cm
　（水藍色）4cm×2cm
・特大串珠（黑色 4mm）2個
・25號繡線
　（白色・黑色）
・手工藝棉花適量
・粉蠟筆（水藍色）
●縫線使用1股與不織布同色的
　25號繡線。
●縫合方法＆刺繡針法參見P.34。
●原寸紙型參見P.56。

作法

1 將身體前片縫上外套膜。

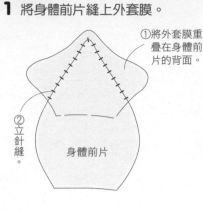

①將外套膜重疊在身體前片的背面。
②立針縫。
身體前片

2 縫合身體。

將2片對合作捲針縫。
身體後片
身體前片

3 將後腳縫上觸手。

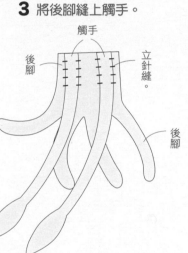

觸手
後腳
立針縫。
後腳

4 縫合腳。

後腳
捲針縫。
止縫固定。
※將後腳不織布翻至背面，使前後腳重疊成不同方向。
前腳
止縫固定。

5 將身體接縫上腳＆眼睛周圍。

身體前片
②夾入眼睛周圍。
①將腳夾入身體中間。
③立針縫。
前腳

6 填入棉花。

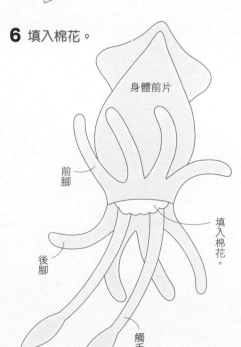

身體前片
前腳
後腳
填入棉花。
觸手

7 縫上眼睛（特大串珠）＆以粉蠟筆上色。

※自後腳側入針，穿縫特大串珠＆用力拉緊固定。縫線需穿繞兩次。
身體前片
眼睛周圍
①以黑色繡線縫上串珠。
前腳
觸手
②以粉蠟筆上色（參見P.54）。

8 完成！

約17cm

＊不織布不外加縫份，依紙型線條裁剪即可。
＊★＝重疊部分。
＊□內的數字代表重疊紙型的層次，
　請分開製作紙型並依數字順序重疊製作。

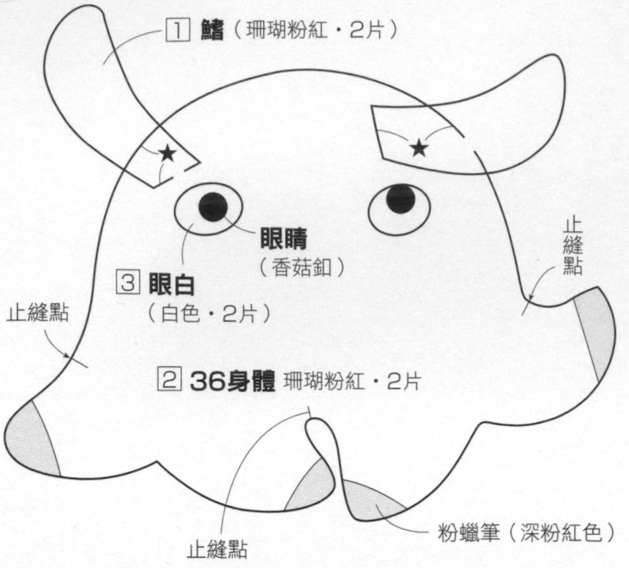

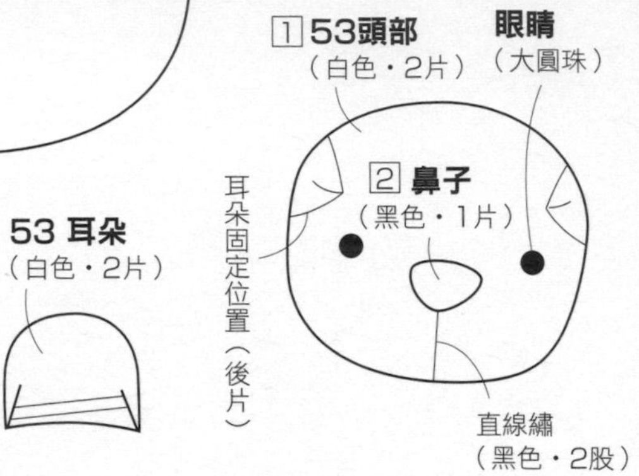

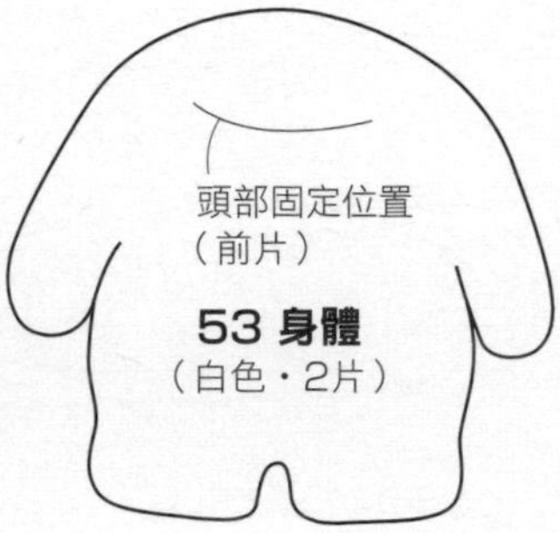

① 鰭（珊瑚粉紅・2片）

止縫點

眼睛
（香菇釦）

③ 眼白
（白色・2片）

止縫點

② 36 身體 珊瑚粉紅・2片

止縫點

止縫點

粉蠟筆（深粉紅色）

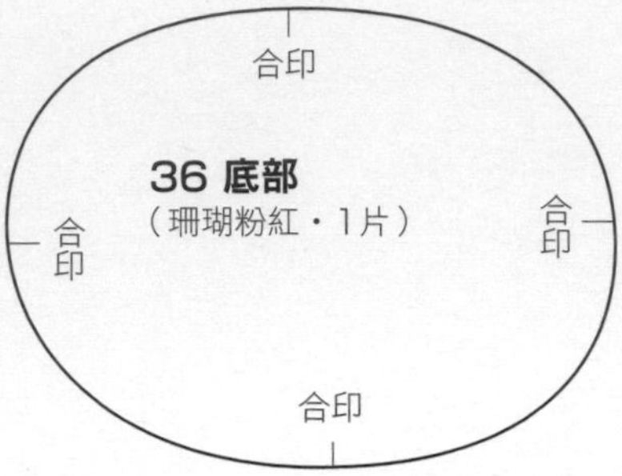

合印

合印

合印

36 底部
（珊瑚粉紅・1片）

合印

① 外套膜
（白色・1片）

頭部固定位置
（前片）

53 身體
（白色・2片）

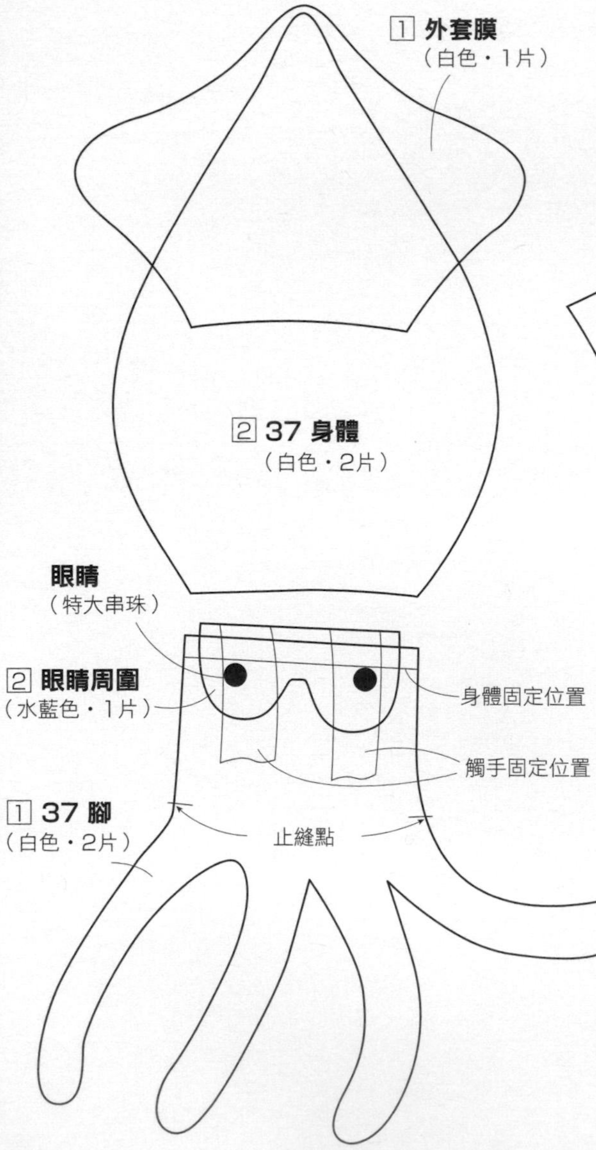

53 耳朵
（白色・2片）

① 53 頭部
（白色・2片）

眼睛
（大圓珠）

② 鼻子
（黑色・1片）

耳朵固定位置（後片）

直線繡
（黑色・2股）

② 37 身體
（白色・2片）

眼睛
（特大串珠）

② 眼睛周圍
（水藍色・1片）

① 37 腳
（白色・2片）

止縫點

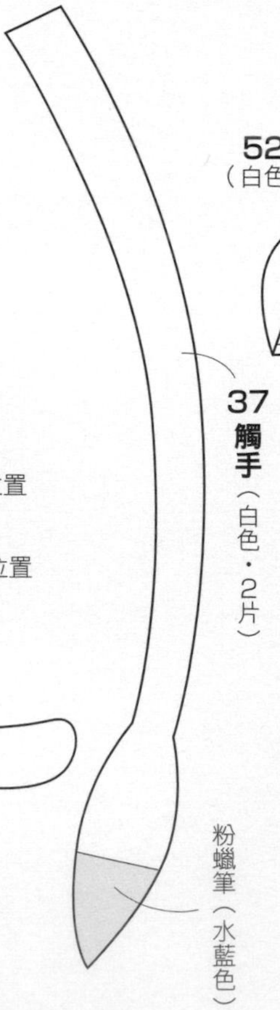

身體固定位置

觸手固定位置

37
觸手
（白色・2片）

粉蠟筆（水藍色）

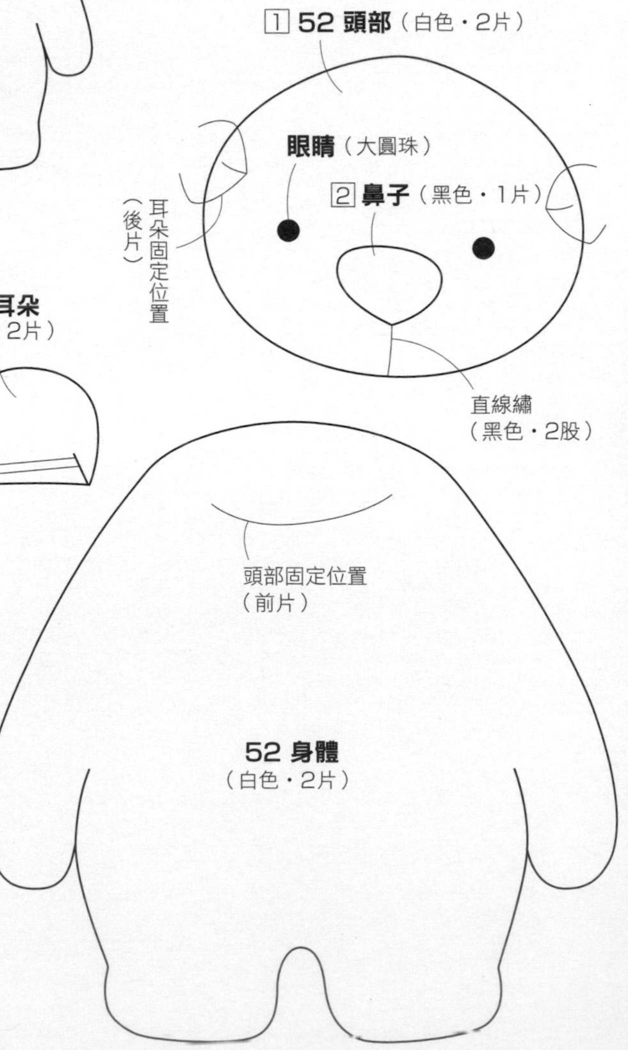

52 耳朵
（白色・2片）

① 52 頭部（白色・2片）

眼睛（大圓珠）

② 鼻子（黑色・1片）

耳朵固定位置（後片）

直線繡
（黑色・2股）

頭部固定位置
（前片）

52 身體
（白色・2片）

材料

・不織布
　（白色）16cm×7cm
・插入式豆豆眼
　（黑色 4.5mm）2個
　（黑色 3.5mm）1個
・25號繡線
　（白色・黑色）
・手工藝棉花適量
・手工藝用白膠
・粉蠟筆（粉紅色）
●縫線使用1股與不織布同色的
　25號繡線。
●縫合方法&刺繡針法參見P.34。

作法

1 將身體接縫上嘴部。

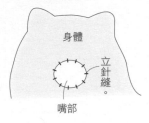

2 接上鼻子（插入式豆豆眼）。

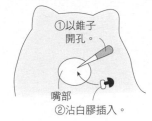

①以錐子開孔。
②沾白膠插入。

3 繡上嘴巴。

1出　3出
　　　　　2入
　　4入
使繡線稍微下垂。

↓

5出　6入
　　　　　7出
作出稍微下垂的弧線。
　8入

4 接縫身體&填入棉花。

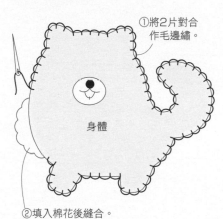

①將2片對合作毛邊繡。
②填入棉花後縫合。

5 接上眼睛（插入式豆豆眼）。

插入豆豆眼（參見P.60）。

6 以粉蠟筆上色。

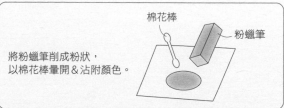

以粉蠟筆上色。

將粉蠟筆削成粉狀，以棉花棒暈開&沾附顏色。

棉花棒
粉蠟筆

7 完成！

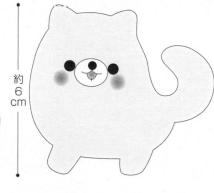

約6cm

原寸紙型

＊不織布不外加縫份，依紙型線條裁剪即可。
＊□內的數字代表重疊紙型的層次，請分開製作紙型並依數字順序重疊製作。

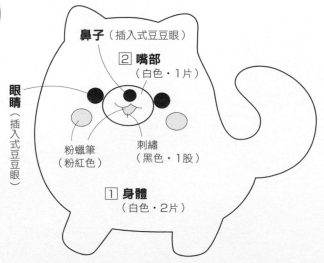

鼻子（插入式豆豆眼）
② 嘴部（白色・1片）
眼睛（插入式豆豆眼）
粉蠟筆（粉紅色）
刺繡（黑色・1股）
① 身體（白色・2片）

38 材料
· 不織布
（白色）12cm×8cm
（深粉紅·茶色）5cm×4cm
（焦茶色）5cm×3cm
· 25號繡線
（與不織布同色·粉紅色）
· 魚線1號 10cm
· 手工藝棉花適量
· 色鉛筆（橘色）

39 材料
· 不織布
（亮棕色）12cm×8cm
（黃綠色）5cm×4cm
（白色）3cm×3cm
· 25號繡線
（與不織布同色·黑色·焦茶色）
· 魚線1號 10cm
· 手工藝棉花適量
· 色鉛筆（橘色）

40 材料
· 不織布
（霜降灰）12cm×9cm
（金黃色）5cm×4cm
· 25號繡線
（灰色·黑色·焦茶色）
· 魚線1號 10cm
· 手工藝棉花適量
· 色鉛筆（橘色）
● 霜降灰的縫線使用灰色，其他取1股
與不織布同色的25號繡線。
● 縫合方法＆刺繡針法參見P.34。
● 原寸紙型參見P.59。

作法

1 製作身體前片。

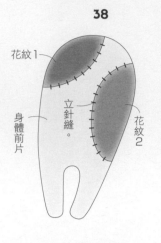

38

花紋1
立針縫。
身體前片
花紋2

39

身體前片
立針縫。
手

3 製作臉部表情。

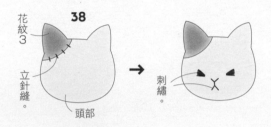

38

花紋3
立針縫。
頭部
刺繡。

39

立針縫。
頭部
嘴部

5 縫上鬍鬚。

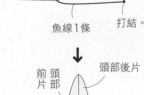

魚線1條
打結。

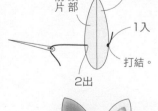

前片
頭部
頭部後片
1入
打結。
2出

穿縫4條魚線後，
剪至適當的長度。

6 以色鉛筆上色。

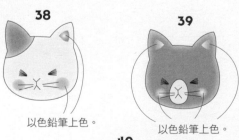

38

以色鉛筆上色。

39

以色鉛筆上色。

40

以色鉛筆上色。

2 接縫身體＆填入棉花。

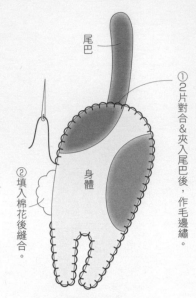

尾巴
①2片對合＆夾入尾巴後，作毛邊繡。
②填入棉花後縫合。
身體

※毛邊繡使用與不織布相同顏色的繡線。

4 縫合頭部＆填入棉花。

①將2片對合作毛邊繡。
②填入棉花後縫合。

※毛邊繡使用與不織布相同顏色的繡線。

7 接縫身體＆頭部。

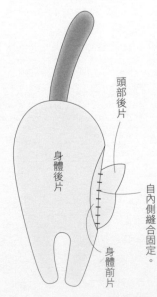

頭部後片
身體後片
身體前片
自內側縫合固定。

8 貓咪完成！　　　　　　　　　　　　　　　　　　　　　　　**9** 製作魚。

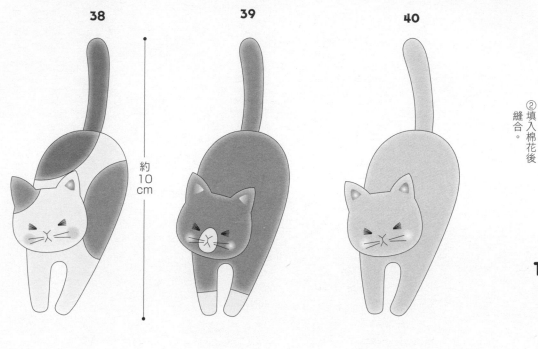

38　　　　　39　　　　　40

約
10
cm

刺繡。

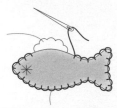

②填入棉花後
縫合。

①將2片對合作毛邊繡。

10 魚完成！

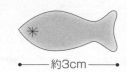

←——約3cm——→

原寸紙型

＊不織布不外加縫份，依紙型線條裁剪即可。
＊★＝39重疊部分。
＊□內的數字代表重疊紙型的層次，
　請分開製作紙型並依數字順序重疊製作。

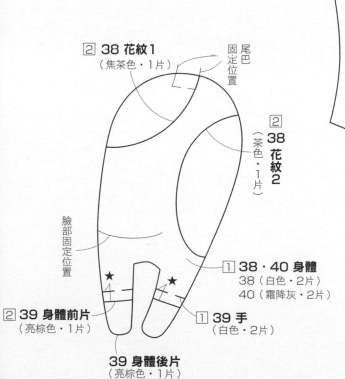

②**38 花紋1**
（焦茶色・1片）

固定位置

尾巴
固定位置

②**38
花紋2**
（茶色・
1片）

臉部固定位置

1 **38・40 身體**
38（白色・2片）
40（霜降灰・2片）

★　★

②**39 身體前片**
（亮棕色・1片）

1 **39 手**
（白色・2片）

39 身體後片
（亮棕色・1片）

尾巴
38（焦茶色・1片）
39（亮棕色・1片）
40（霜降灰・1片）

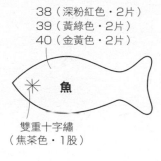

38（深粉紅色・2片）
39（黃綠色・2片）
40（金黃色・2片）

魚

雙重十字繡
（焦茶色・1股）

1 **頭部**
38（白色・2片）
39（亮棕色・2片）
40（霜降灰・2片）

②**38
花紋3**
（茶色・
1片）

色鉛筆
（橘色）

緞面繡
38（焦茶色・1股）
39・40（黑色・1股）

40 39 38
（黑色・1股）（焦茶色・1股）（粉紅色・1股）

直線繡

色鉛筆
（橘色）

鬍鬚固定位置

②**39 嘴部**
（白色・1片）

材料
- 不織布
  （深米黃色）10cm×13cm
  （淺粉紅色）5cm×3cm
  （白色）2cm×2cm
- 插入式豆豆眼
  （黑色 5mm）2個
  （黑色 3.5mm）1個
- 緞帶（格子）5mm寬 25cm
- 25號繡線
  （與不織布同色・焦茶色）
- 手工藝棉花適量
- 手工藝用白膠
- 粉蠟筆（粉紅色）
● 縫線使用1股與不織布同色的25號繡線。
● 縫合方法＆刺繡針法參見P.34。
● 原寸紙型參見P.62。

作法

1 縫上嘴部＆接上鼻子（插入式豆豆眼），
再進行刺繡。

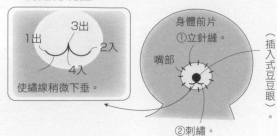

3出
1出
2入
4入
使繡線稍微下垂。

身體前片
①立針縫。
嘴部
③接上鼻子（插入式豆豆眼）。
②刺繡。

2 接縫身體＆填入棉花。

①將2片對合作毛邊繡。
②填入棉花後縫合。
身體前片

3 接上眼睛（插入式豆豆眼）
＆以粉蠟筆上色。

身體
接上插入式豆豆眼。
以粉蠟筆上色（參見P.57）。

眼睛凹陷處的作法

2出　1入
眼睛固定位置

①先自一側眼睛固定位置入針，再從另一側出針。

2出　2mm 1入
3出　4出

②在距離2出下方2mm處入針，並在1入下方2mm處出針。

6出　5入

③再在1入・2出相同位置入針＆出針。

最初的線

④左右拉繡線，作出凹陷。

7入　8出

⑤再在3入・4出相同位置入針＆出針。

與最初的線打一個固定結。

將線頭拉入不織布內。

⑥將穿縫回右側的線與最初的線打結固定。

凹陷處旁
以錐子開孔。
插入式豆豆眼
沾白膠插入。
⑦接上眼睛。

4 製作＆接縫耳朵。

外耳前片
內耳
立針縫。

↓

外耳前片
將2片對合作毛邊繡。
外耳後片

→

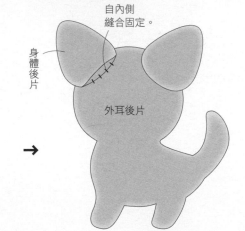

自內側縫合固定。
身體後片
外耳後片

5 打上蝴蝶結。

身體前片
將緞帶對摺＆圍繞在脖子上。

→

約4cm
在後側打一個蝴蝶結。
身體後片
剪去多餘部分。

6 完成！

約7.5cm

材料

- 不織布
  （白色）10cm×13cm
  （茶色）9cm×10cm
- 插入式豆豆眼
  （黑色 4.5mm）2個
  （黑色 3.5mm）1個
- 緞帶（格子）5mm寬 25cm
- 25號繡線
  （與不織布同色・焦茶色）
- 手工藝棉花適量
- 手工藝用白膠
● 縫線使用1股與不織布同色的
  25號繡線。
● 縫合方法＆刺繡針法參見P.34。
● **原寸紙型參見P.62。**

作法

1 將身體縫上花紋。

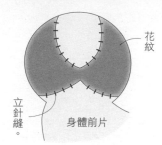

花紋

立針縫。

身體前片

2 將身體縫上嘴部。

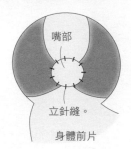

嘴部

立針縫。

身體前片

3 接上鼻子（插入式豆豆眼）。

①以錐子開孔。

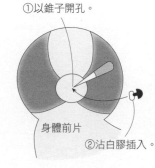

身體前片

②沾白膠插入。

4 繡上嘴巴。

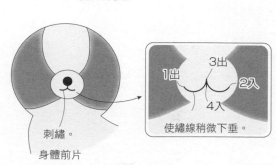

刺繡。

身體前片

1出　3出
　　　2入
4入

使繡線稍微下垂。

5 接縫身體＆填入棉花。

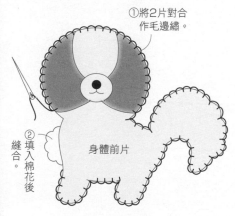

①將2片對合
　作毛邊繡。

②填入棉花後
縫合。

身體前片

※毛邊繡使用與不織布
相同顏色的繡線。

6 接上眼睛（插入式豆豆眼）。

接上插入式豆豆眼
（參見P.60）

身體前片

7 製作耳朵。

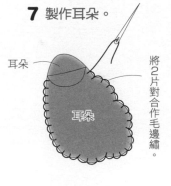

耳朵

耳朵

將2片對合作毛邊繡。

8 接上耳朵。

自內側
縫合固定。

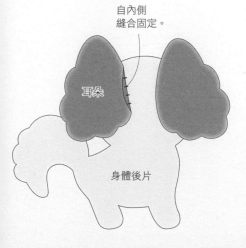

耳朵

身體後片

9 打蝴蝶結。

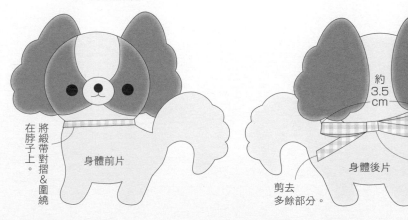

將緞帶對摺＆圍繞

在脖子上。

身體前片

約
3.5
cm

蝴蝶結

剪去
多餘部分。

在後側打一個

身體後片

10 完成！

約7cm

＊不織布不外加縫份，依紙型線條裁剪即可。
＊□內的數字代表重疊紙型的層次，
　請分開製作紙型並依數字順序重疊製作。

43 耳朵
（茶色・4片）

41 外耳
（深米黃色・4片）

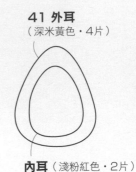

內耳（淺粉紅色・2片）

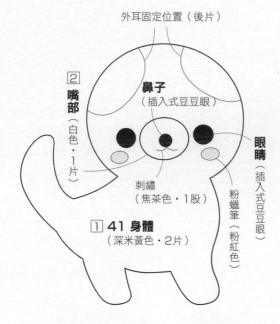

外耳固定位置（後片）

鼻子
（插入式豆豆眼）

2 **嘴部**
（白色・1片）

刺繡
（焦茶色・1股）

眼睛
（插入式豆豆眼）

粉蠟筆（粉紅色）

1 **41 身體**
（深米黃色・2片）

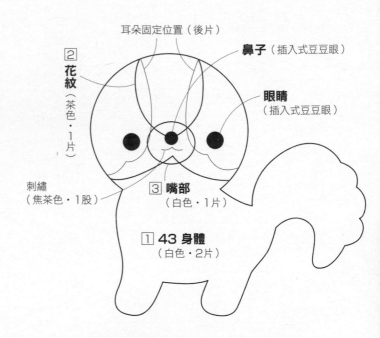

耳朵固定位置（後片）

鼻子（插入式豆豆眼）

2 **花紋**
（茶色・1片）

眼睛
（插入式豆豆眼）

刺繡
（焦茶色・1股）

3 **嘴部**
（白色・1片）

1 **43 身體**
（白色・2片）

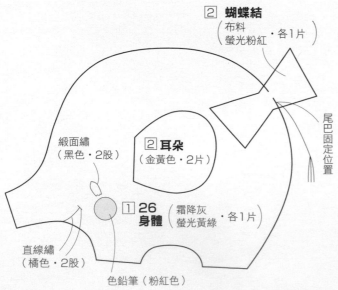

2 **蝴蝶結**
（布料
螢光粉紅・各1片）

緞面繡
（黑色・2股）

2 **耳朵**
（金黃色・2片）

尾巴固定位置

1 **26**
身體（霜降灰
螢光黃綠・各1片）

直線繡
（橘色・2股）

色鉛筆（粉紅色）

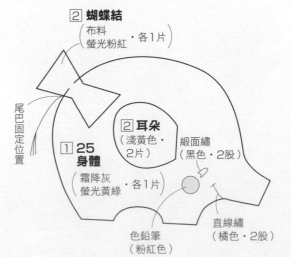

2 **蝴蝶結**
（布料
螢光粉紅・各1片）

尾巴固定位置

2 **耳朵**
（淺黃色・
2片）

1 **25**
身體
（霜降灰
螢光黃綠・各1片）

緞面繡
（黑色・2股）

色鉛筆
（粉紅色）

直線繡
（橘色・2股）

44・45 材料
- 不織布
 （紅色）10cm×10cm
 （淺橘色）5cm×5cm
- 香菇釦
 （黑色 6mm）1個
- 珠珠蕾絲花片（白色）13mm 1片
- 25號繡線
 （與不織布同色・粉紅色・黑色）
- 手工藝棉花適量
- 手工藝用白膠

46 材料
- 不織布
 （黑色）10cm×10cm
 （鼠灰色）5cm×5cm
- 香菇釦
 （黑色 6mm）1個
- 珠珠蕾絲花片（白色）13mm 1片
- 25號繡線
 （與不織布同色・白色・紅色）
- 手工藝棉花適量
- 手工藝用白膠
- ●縫線使用1股與不織布同色的25號繡線。
- ●縫合方法＆刺繡針法參見P.34。
- ●原寸紙型參見P.70。

作法

1 接縫頭部＆身體前片。

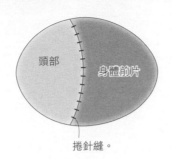

頭部
身體前片
捲針縫。

2 製作尾鰭。

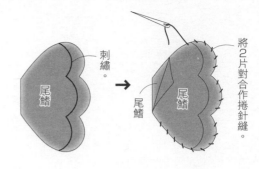

刺繡。
尾鰭
尾鰭
尾鰭
將2片對合作捲針縫。

3 夾入背鰭＆尾鰭，
再接縫身體＆填入棉花。

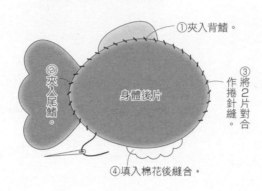

①夾入背鰭。
②夾入尾鰭。
身體後片
③將2片對合作捲針縫。
④填入棉花後縫合。

4 縫上胸鰭。

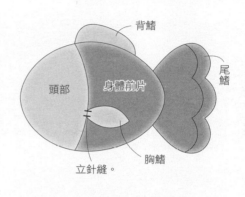

背鰭
尾鰭
頭部
身體前片
立針縫。
胸鰭

5 刺繡。

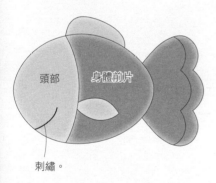

頭部
身體前片
刺繡。

6 縫上眼睛（香菇釦）。

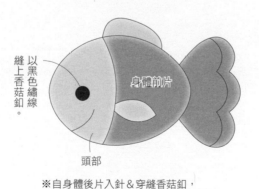

以黑色繡線縫上香菇釦。
身體前片
頭部

※自身體後片入針＆穿縫香菇釦，
並用力拉緊固定。縫線需穿繞兩次。

7 貼上蕾絲花片。

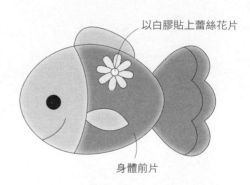

以白膠貼上蕾絲花片
身體前片

8 完成！

44

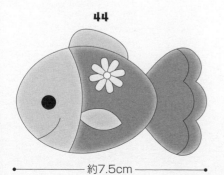

←―――約7.5cm―――→

45

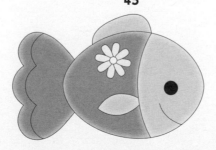

46

※反轉作品**44・46**的方向製作作品**45**。

47 材料

- 不織布
  （淺粉紅色）10cm×8cm
  （鮭魚粉紅）7cm×10cm
- 香菇釦
  （黑色 6mm）2個
- 蕾絲（白色）10mm 寬 7cm
- 25號繡線
  （與不織布同色・紅色・黑色）
- 手工藝棉花適量
- 手工藝用白膠

48 材料

- 不織布
  （淺粉紅色）10cm×8cm
  （淺紫色）7cm×10cm
- 香菇釦
  （黑色 6mm）2個
- 蕾絲（白色）10mm寬 7cm
- 25號繡線
  （與不織布同色・紅色・黑色）
- 手工藝棉花適量
- 手工藝用白膠

49 材料

- 不織布
  （淺黃色）10cm×8cm
  （藍綠色）7cm×10cm
- 香菇釦
  （黑色 6mm）2個
- 蕾絲（白色）10mm寬 7cm
- 25號繡線
  （與不織布同色・紅色・黑色）
- 手工藝棉花適量
- 手工藝用白膠

●縫線使用1股與不織布同色的25號繡線。
●縫合方法＆刺繡針法參見P.34。
●原寸紙型參見P.70。

作法

1 接縫頭部＆填入棉花。

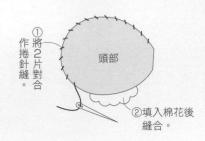

①將2片對合作捲針縫。

②填入棉花後縫合。

頭部

2 接縫腳＆填入棉花。

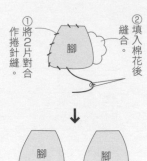

①將2片對合作捲針縫。

②縫合。填入棉花後

腳

製作2個。

腳　腳

3 接縫尾巴。

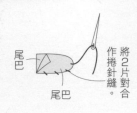

尾巴

尾巴

尾巴

將2片對合作捲針縫。

4 對合身體＆接縫上頭部・腳・尾巴，並填入棉花。

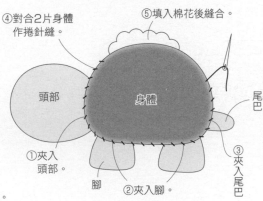

④對合2片身體作捲針縫。

⑤填入棉花後縫合。

頭部　身體　尾巴

①夾入頭部。

腳

②夾入腳。

③夾入尾巴。

5 縫上眼睛（香菇釦）。

以黑色繡線縫上香菇釦。

頭部

※自身體後片入針＆穿縫香菇釦，並用力拉緊固定。縫線需穿繞兩次。

6 在頭部進行刺繡。

頭部

刺繡。

7 貼上蕾絲。

身體

蕾絲

沾白膠貼上。

8 完成！

47

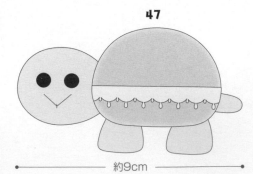

48

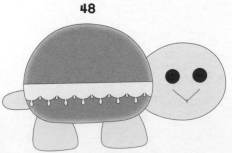

49

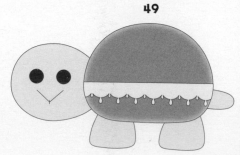

←── 約9cm ──→

※反轉作品**47・49**的方向製作作品**48**。

材料
- 不織布
  （胭脂色）8cm×15cm
  （鼠灰色）9cm×6cm
  （白色）5cm×3cm
- 香菇釦
  （黑色 6mm）1個
- 25號繡線
  （與不織布同色・黑色）
- 手工藝棉花適量
- 手工藝用白膠
● 縫線使用1股與不織布同色的
  25號繡線。
● 縫合方法＆刺繡針法參見P.34。
● 原寸紙型參見P.67。

作法

1 製作花紋。

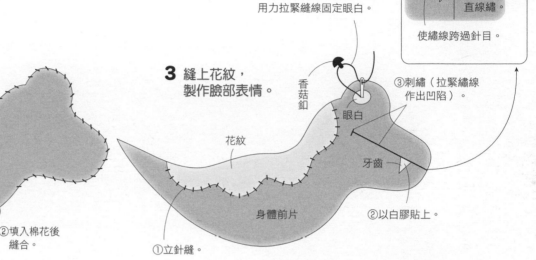

將2片對合
作捲針縫。
花紋
花紋

④由身體後片入針，以黑色
繡線穿繞香菇釦兩次，並
用力拉緊縫線固定眼白。

針目
直線繡。
使繡線跨過針目。

3 縫上花紋，
製作臉部表情。

③刺繡（拉緊繡線
作出凹陷）。
香菇釦
眼白
牙齒
花紋
身體前片
②以白膠貼上。
①立針縫。

2 接縫身體＆填入棉花。

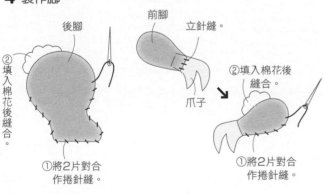

①將2片對合
作捲針縫。
身體
②填入棉花後
縫合。

4 製作腳。

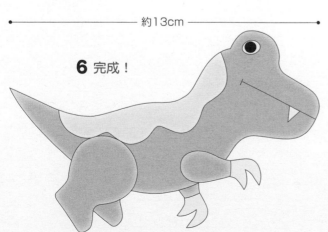

後腳
②填入棉花後縫合。
①將2片對合
作捲針縫。

前腳
立針縫。
爪子
②填入棉花後
縫合。
①將2片對合
作捲針縫。

5 將身體接縫上腳。

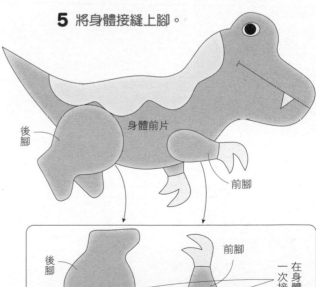

後腳
身體前片
前腳

───約13cm───

6 完成！

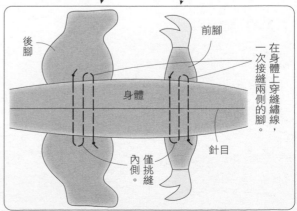

後腳
前腳
身體
在身體上穿縫繡線，一次接縫兩側的腳。
僅挑縫
內側。
針目

材料
・不織布
　（黃綠色）15cm×12cm
　（藍灰色）7cm×7cm
　（淺綠色）6cm×6cm
　（白色）5cm×6cm
・特大串珠（黑色 4mm）1個
・25號繡線
　（與不織布同色・黑色）
・手工藝棉花適量
●縫線使用1股與不織布同色的25號繡線。
●縫合方法＆刺繡針法參見P.34。
●原寸紙型參見P.67。

作法

1 將身體前片接縫上角。

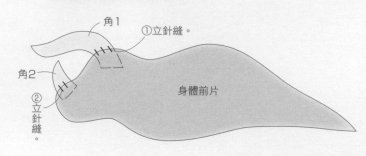

角1
①立針縫。
角2
②立針縫。
身體前片

2 接縫身體＆填入棉花。

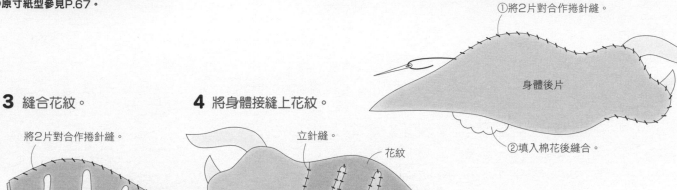

①將2片對合作捲針縫。
身體後片
②填入棉花後縫合。

3 縫合花紋。

將2片對合作捲針縫。
花紋
花紋

4 將身體接縫上花紋。

立針縫。
花紋
身體前片
（身體後片作法亦同）

5 縫上眼睛（特大串珠）＆進行刺繡。

針目
直線繡。
使繡線跨過針目。

①以黑色繡線縫上特大串珠。
身體前片
②刺繡（拉緊線作出凹陷）。
※自身體後片入針，縫上特大串珠＆
用力拉緊固定。縫線需穿繞兩次。

6 製作腳。

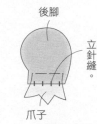

前腳
立針縫。
爪子

後腳
立針縫。
爪子

②填入棉花後縫合。
①將2片對合作捲針縫。

②填入棉花後縫合。
①將2片對合作捲針縫。

7 將身體接縫上腳。

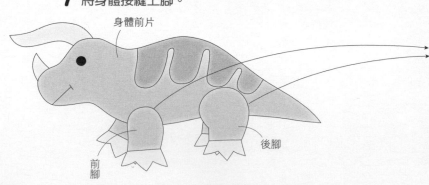

身體前片
後腳
前腳

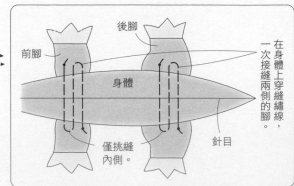

後腳
前腳
身體
僅挑縫內側。
針目
在身體上穿縫繡線，一次接縫兩側的腳。

8 接縫頭盾。

9 將身體接縫上頭盾。

10 完成！

約12cm

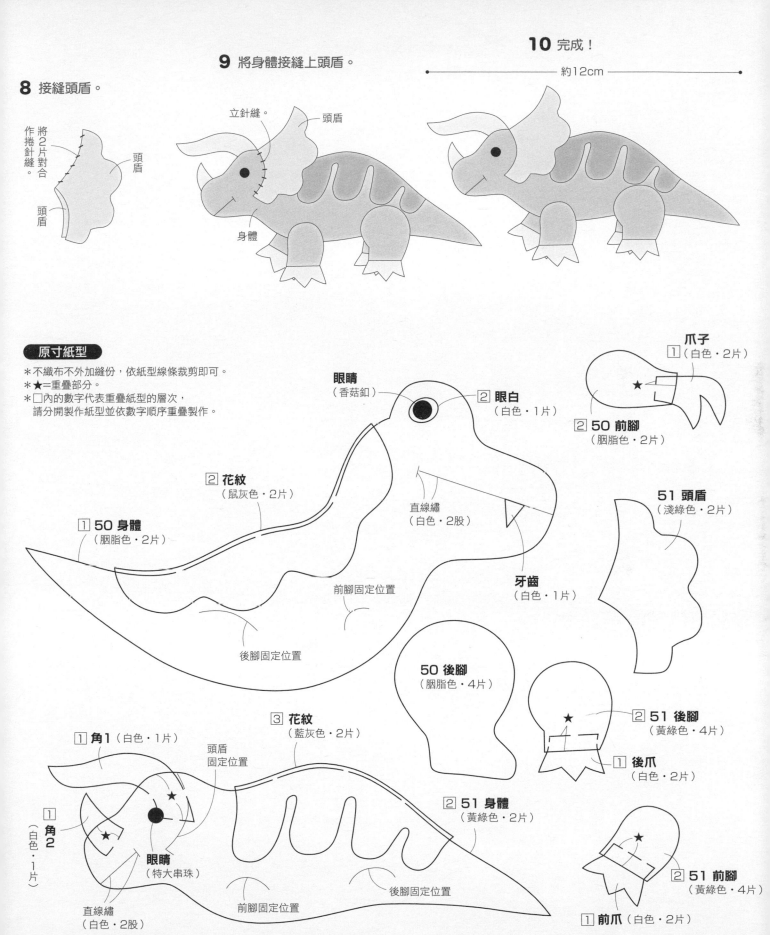

將2片作捲針縫。
頭盾
頭盾

立針縫。
頭盾
身體

原寸紙型

＊不織布不外加縫份，依紙型線條裁剪即可。
＊★＝重疊部分。
＊□內的數字代表重疊紙型的層次，
　請分開製作紙型並依數字順序重疊製作。

眼睛
（香菇釦）

②眼白
（白色·1片）

②花紋
（鼠灰色·2片）

①50身體
（胭脂色·2片）

直線繡
（白色·2股）

前腳固定位置

後腳固定位置

牙齒
（白色·1片）

爪子
①（白色·2片）

②50前腳
（胭脂色·2片）

51頭盾
（淺綠色·2片）

50後腳
（胭脂色·4片）

②51後腳
（黃綠色·4片）

①後爪
（白色·2片）

①角1（白色·1片）

①角2（白色·1片）

③花紋
（藍灰色·2片）

頭盾固定位置

眼睛
（特大串珠）

直線繡
（白色·2股）

前腳固定位置

後腳固定位置

②51身體
（黃綠色·2片）

②51前腳
（黃綠色·4片）

①前爪（白色·2片）

67

52 材料
・不織布
（白色）18cm×14cm
（黑色）2cm×2cm
・大圓珠（黑色）2個
・25號繡線
（與不織布同色）
・手工藝棉花適量
・手工藝用白膠
53 材料
・不織布
（白色）10cm×8cm
（黑色）1cm×1cm
・大圓珠（黑色）2個
・25號繡線
（與不織布同色）
・手工藝棉花適量
・手工藝用白膠
●縫線使用1股與不織布同色的25號繡線。
●縫合方法＆刺繡針法參見P.34。
●原寸紙型參見P.56。

作法

1 在頭部進行刺繡，並接上眼睛＆鼻子。

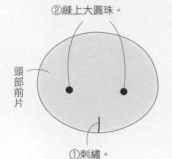

②縫上大圓珠。
頭部前片
①刺繡。

頭部前片
鼻子
以白膠貼上。

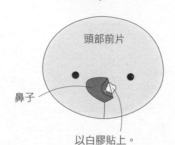

2 接縫頭部＆填入棉花。

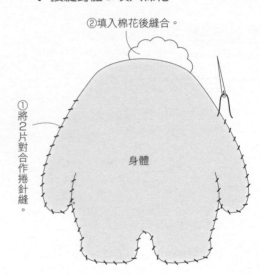

②填入棉花後縫合。
①將2片對合作捲針縫。
頭部前片

4 接縫身體＆填入棉花。

②填入棉花後縫合。
①將2片對合作捲針縫。
身體

3 加上耳朵。

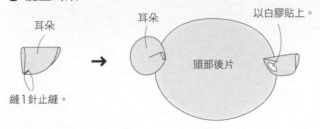

耳朵
縫1針止縫。

耳朵
以白膠貼上。
頭部後片

5 接縫頭部＆身體。

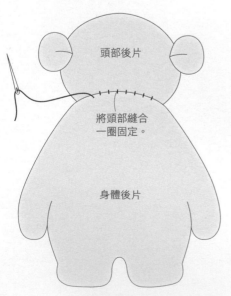

頭部後片
將頭部縫合一圈固定。
身體後片

6 完成！

52
約10.5cm

53
約5.5cm

54 材料
・不織布
　（不織布
　（霜降灰）12cm×15cm
　（白色）3cm×3cm
　（黑色）2cm×2cm
・塑膠珠（黑色 5mm）2個
・25號繡線
　（亮灰色・黑色）
・手工藝棉花適量
・手工藝用白膠

55 材料
・不織布
　（白色）7cm×8cm
　（霜降灰）2cm×2cm
　（黑色）2cm×1cm
・塑膠珠（黑色 5mm）2個
・25號繡線
　（白色・黑色）
・手工藝棉花適量
・手工藝用白膠
●霜降灰的縫線使用灰色，其他取1股
　與不織布同色的25號繡線。
●縫合方法＆刺繡針法參見P.34。
●原寸紙型參見P.56。

1 在身體前片製作臉部表情。

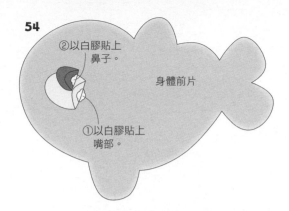
②以白膠貼上鼻子。
身體前片
①以白膠貼上嘴部。

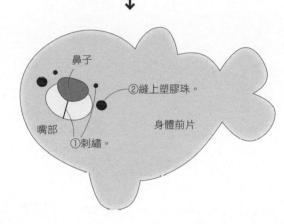
鼻子
②縫上塑膠珠。
嘴部
①刺繡。
身體前片

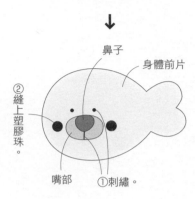
②以白膠貼上鼻子。
身體前片
①以白膠貼上嘴部。
鼻子
身體前片
②縫上塑膠珠。
嘴部
①刺繡。

2 縫合身體＆填入棉花。

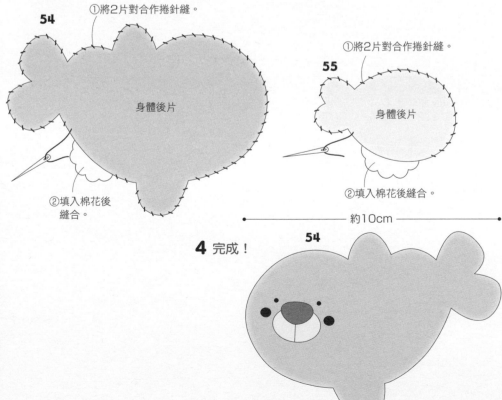
①將2片對合作捲針縫。
身體後片
②填入棉花後縫合。
①將2片對合作捲針縫。
身體後片
②填入棉花後縫合。
約10cm

3 貼上前腳（僅55）。

身體後片
前腳
以白膠貼上前腳。

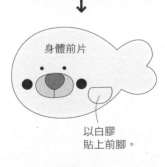
身體前片
以白膠貼上前腳。

約5.5cm

4 完成！

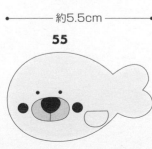

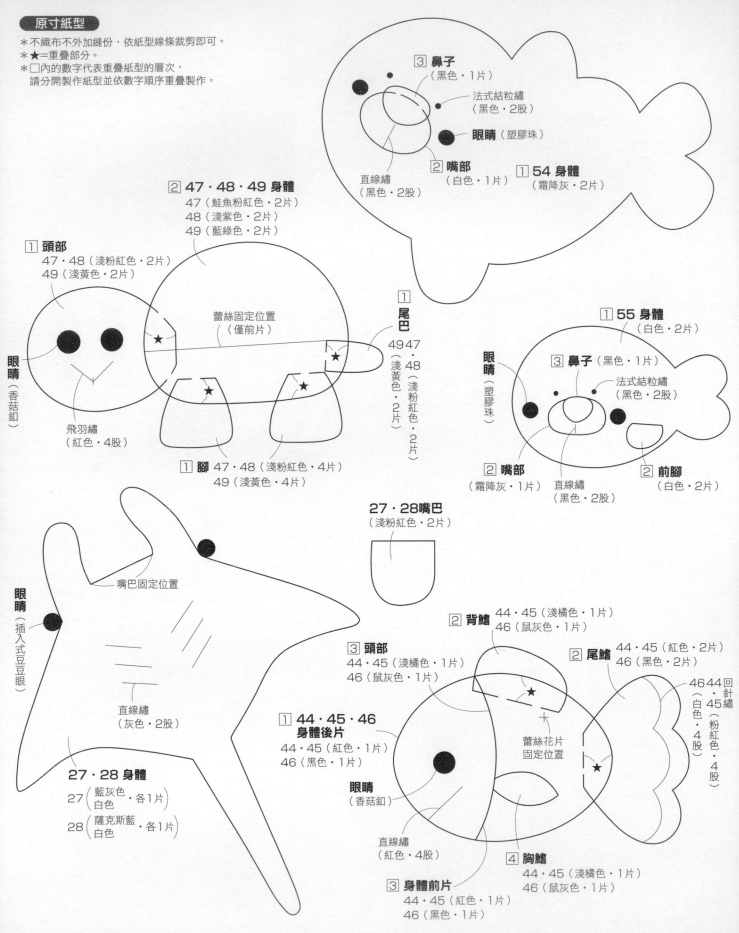

原寸紙型

＊不織布不外加縫份，依紙型線條裁剪即可。
＊★＝重疊部分。
＊□內的數字代表重疊紙型的層次，
　請分開製作紙型並依數字順序重疊製作。

③ 鼻子
（黑色・1片）

法式結粒繡
（黑色・2股）

眼睛（塑膠珠）

② 嘴部
（白色・1片）

直線繡
（黑色・2股）

① 54 身體
（霜降灰・2片）

② 47・48・49 身體
47（鮭魚粉紅色・2片）
48（淺紫色・2片）
49（藍綠色・2片）

① 頭部
47・48（淺粉紅色・2片）
49（淺黃色・2片）

蕾絲固定位置
（僅前片）

① 尾巴
49 47
・
48
（
淺
黃
色
・
2
片
）
（
淺
粉
紅
色
・
2
片
）

眼睛（香菇釦）

飛羽繡
（紅色・4股）

① 腳 47・48（淺粉紅色・4片）
49（淺黃色・4片）

① 55 身體
（白色・2片）

③ 鼻子（黑色・1片）

法式結粒繡
（黑色・2股）

眼睛（塑膠珠）

② 嘴部
（霜降灰・1片）

直線繡
（黑色・2股）

② 前腳
（白色・2片）

27・28 嘴巴
（淺粉紅色・2片）

嘴巴固定位置

眼睛（插入式豆豆眼）

直線繡
（灰色・2股）

27・28 身體
27（藍灰色
　　白色・各1片）
28（薩克斯藍
　　白色・各1片）

③ 頭部
44・45（淺橘色・1片）
46（鼠灰色・1片）

① 44・45・46
身體後片
44・45（紅色・1片）
46（黑色・1片）

② 背鰭 44・45（淺橘色・1片）
46（鼠灰色・1片）

② 尾鰭 44・45（紅色・2片）
46（黑色・2片）

46 44 回針繡
45（白色・4股）
（粉紅色・4股）

蕾絲花片
固定位置

眼睛
（香菇釦）

直線繡
（紅色・4股）

④ 胸鰭
44・45（淺橘色・1片）
46（鼠灰色・1片）

③ 身體前片
44・45（紅色・1片）
46（黑色・1片）

70

56 材料
・不織布
（薄荷綠）10cm×13cm
・香菇釦
（黑色 6mm）1個
・25號繡線
（與不織布同色・粉紅色・黑色）
・手工藝棉花適量

57 材料
・不織布
（鈷藍色）10cm×13cm
・香菇釦
（黑色 6mm）1個
・25號繡線
（與不織布同色・粉紅色・黑色）
・手工藝棉花適量
●縫線使用1股與不織布同色的
　25號繡線。
●縫合方法＆刺繡針法參見P.34。

作法

1 縫合背鰭＆胸鰭。

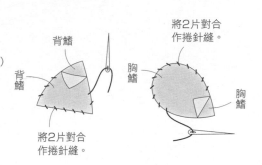

背鰭
背鰭
將2片對合
作捲針縫。

胸鰭
胸鰭
將2片對合
作捲針縫。

2 夾入背鰭，接縫身體＆填入棉花。

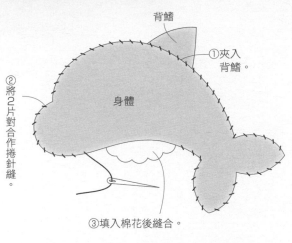

背鰭
①夾入
　背鰭。
②將2片對合作捲針縫。
身體
③填入棉花後縫合。

3 縫上胸鰭。

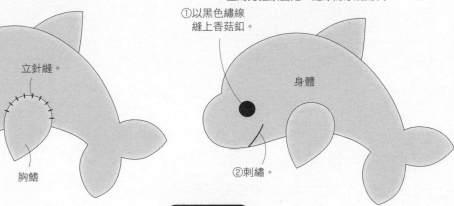

身體
立針縫。
胸鰭

4 縫上眼睛（香菇釦）＆進行刺繡。
※自身體後片入針＆穿縫香菇釦，
　並用力拉緊固定。縫線需穿繞兩次。

①以黑色繡線
　縫上香菇釦。
身體
②刺繡。

原寸紙型

＊不織布不外加縫份，依紙型線條裁剪即可。
＊★＝重疊部分。
＊□內的數字代表重疊紙型的層次，
　請分開製作紙型並依數字順序重疊製作。

5 完成！

56

約9cm

57

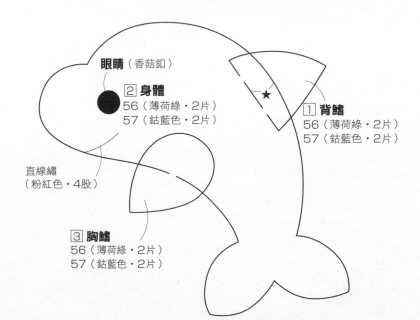

眼睛（香菇釦）
② **身體**
56（薄荷綠・2片）
57（鈷藍色・2片）

★
① **背鰭**
56（薄荷綠・2片）
57（鈷藍色・2片）

直線繡
（粉紅色・4股）

③ **胸鰭**
56（薄荷綠・2片）
57（鈷藍色・2片）

作法

1 製作嘴部。

①將2片對合
作毛邊繡。

嘴部

2 製作角＆尾巴。

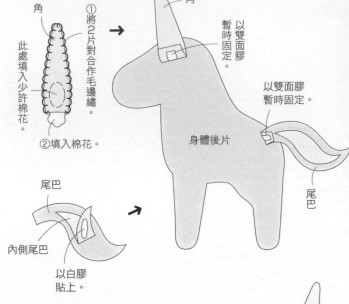

角

①將2片對合作毛邊繡。

此處填入少許棉花。

②填入棉花。

尾巴

內側尾巴

以白膠
貼上。

角

以雙面膠
暫時固定。

以雙面膠
暫時固定。

身體後片

尾巴

3 接縫身體＆填入棉花。

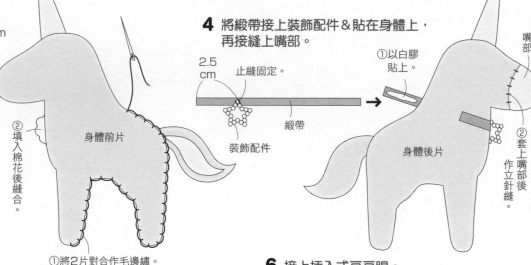

②填入棉花後縫合。

身體前片

①將2片對合作毛邊繡。

4 將緞帶接上裝飾配件＆貼在身體上，
再接縫上嘴部。

2.5
cm

止縫固定。

裝飾配件

緞帶

①以白膠
貼上。

嘴部

身體後片

②套上嘴部後
作立針縫。

60 材料
・不織布
　（水藍色）15cm×10cm
　（白色）10cm×5cm
　（奶油黃・金黃色・橘色・淺綠色
　　藍色・淺紫色）3cm×4cm
・插入式豆豆眼
　（茶色 3.5mm）1個
・星星裝飾配件（白色12mm）1個
・合成皮風緞帶（茶色）3mm寬 10cm
・25號繡線
　（水藍色・白色・茶色）
・手工藝棉花適量
・手工藝用白膠
・雙面膠帶

61 材料
・不織布
　（粉紅色）15cm×10cm
　（白色）10cm×5cm
　（奶油黃・金黃色・橘色・淺綠色
　　藍色・淺紫色）3cm×4cm
・插入式豆豆眼
　（茶色 3.5mm）1個
・星星裝飾配件（白色12mm）1個
・合成皮風緞帶（茶色）3mm寬 10cm
・25號繡線
　（粉紅色・白色・茶色）
・手工藝棉花適量
・手工藝用白膠
・雙面膠帶
●縫線使用1股與不織布同色的
　25號繡線。
●縫合方法＆刺繡針法參見P.34。
●原寸紙型參見P.73。

6 接上插入式豆豆眼。

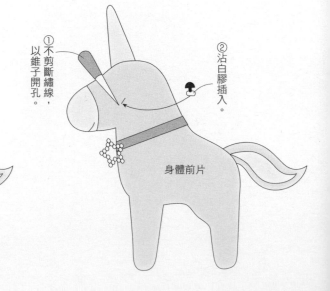

①不剪斷繡線，
以錐子開孔。

②沾白膠插入。

身體前片

5 刺繡。

針目

嘴部

飛羽繡。

使繡線
跨過針目。

刺繡。

身體前片

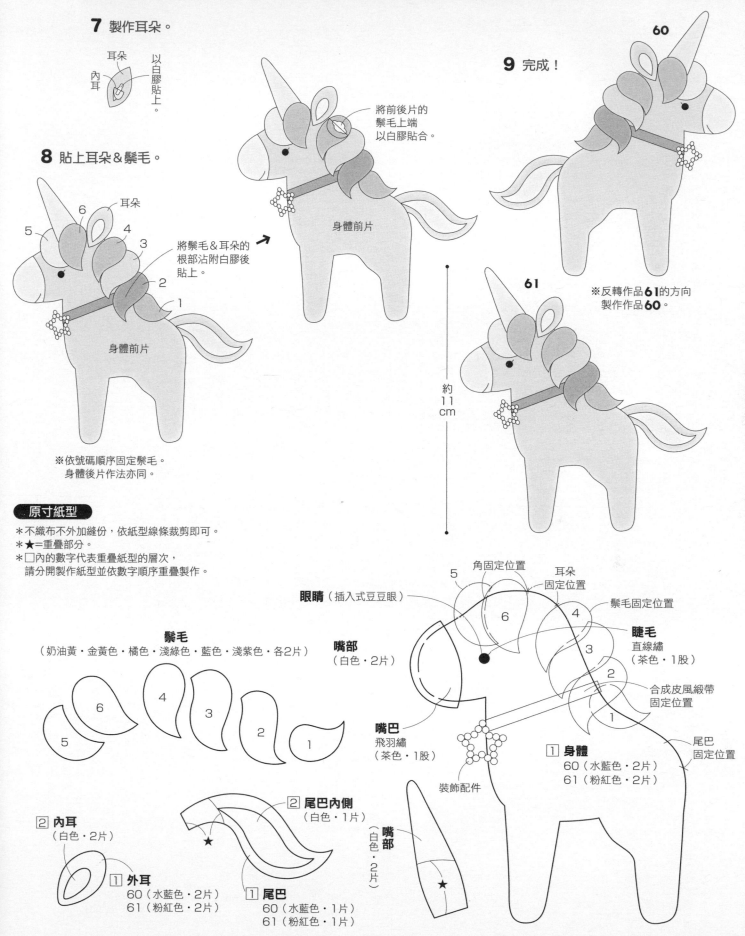

7 製作耳朵。

耳朵　內耳　以白膠貼上。

8 貼上耳朵&鬃毛。

耳朵
6
5　4
3
2
1
將鬃毛&耳朵的
根部沾附白膠後
貼上。

身體前片

※依號碼順序固定鬃毛。
　身體後片作法亦同。

將前後片的
鬃毛上端
以白膠貼合。

身體前片

9 完成！

60

61

約
11
cm

※反轉作品**61**的方向
製作作品**60**。

原寸紙型
＊不織布不外加縫份，依紙型線條裁剪即可。
＊★＝重疊部分。
＊□內的數字代表重疊紙型的層次，
　請分開製作紙型並依數字順序重疊製作。

鬃毛
（奶油黃・金黃色・橘色・淺綠色・藍色・淺紫色・各2片）

6
5
4
3
2
1

眼睛（插入式豆豆眼）
嘴部
（白色・2片）
嘴巴
飛羽繡
（茶色・1股）
裝飾配件

角固定位置
5
6
耳朵
固定位置
鬃毛固定位置
4
3
睫毛
直線繡
（茶色・1股）
2
合成皮風緞帶
固定位置
1
尾巴
固定位置

□1 **身體**
60（水藍色・2片）
61（粉紅色・2片）

□2 **內耳**
（白色・2片）

□2 **尾巴內側**
（白色・1片）

□1 **外耳**
60（水藍色・2片）
61（粉紅色・2片）

□1 **尾巴**
60（水藍色・1片）
61（粉紅色・1片）

嘴部
（白色・2片）

58 材料
・不織布
　（土耳其藍）13cm×12cm
　（白色）9cm×3cm
・香菇釦
　（黑色 6mm）1個
・25號繡線
　（與不織布同色・紅色・黑色）
・手工藝棉花適量

59 材料
・不織布
　（粉紅色）13cm×12cm
　（白色）9cm×3cm
・香菇釦
　（黑色 6mm）1個
・25號繡線
　（與不織布同色・紅色・黑色）
・手工藝棉花適量
●縫線使用1股與不織布同色的
　25號繡線。
●縫合方法＆刺繡針法參見P.34。

作法

1 接縫身體前片＆腹部。

身體前片
捲針縫。
腹部

2 縫合身體＆填入棉花。

②填入棉花後
　縫合。
身體後片
①將2片對合作捲針縫。

3 製作＆接縫胸鰭。

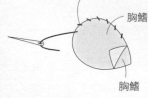

將2片對合作捲針縫。
胸鰭
胸鰭

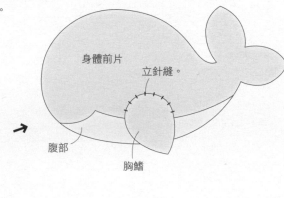

身體前片
立針縫。
腹部
胸鰭

4 縫上眼睛（香菇釦）＆進行刺繡。

①以黑色繡線縫上香菇釦。
身體前片
②刺繡。

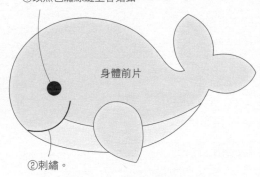

※自身體後片入針＆穿縫香菇釦，
　並用力拉緊固定。縫線需穿繞兩次。

原寸紙型
＊不織布不外加縫份，依紙型線條裁剪即可。
＊□內的數字代表重疊紙型的層次，
　請分開製作紙型並依數字順序重疊製作。

5 完成！

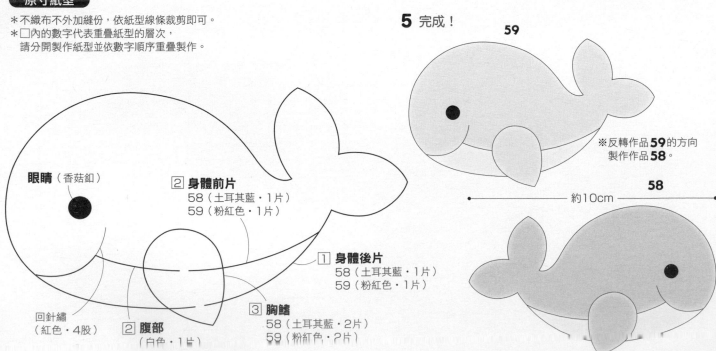

59

※反轉作品**59**的方向
　製作作品**58**。

約10cm

58

眼睛（香菇釦）

② **身體前片**
　58（土耳其藍・1片）
　59（粉紅色・1片）

① **身體後片**
　58（土耳其藍・1片）
　59（粉紅色・1片）

回針繡
（紅色・4股）

② **腹部**
（白色・1片）

③ **胸鰭**
　58（土耳其藍・2片）
　59（粉紅色・2片）

材料
・不織布
　（深粉紅色）13cm×10cm
　（白色）5cm×3cm
　（祖母綠）4cm×3cm
　（黃色・淺紫色）4cm×3cm
・插入式豆豆眼
　（茶色 3mm）2個
・25號繡線
　（深粉紅色・紅色・茶色）
・手工藝棉花適量
・手工藝用白膠
・雙面膠帶
●縫線使用1股與不織布同色的
　25號繡線。
●縫合方法&刺繡針法參見P.34。
●原寸紙型參見P.83。

作法

1 以雙面膠將耳朵暫時固定於頭部後片。

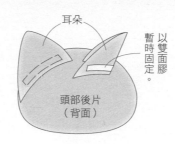

2 接縫頭部&填入棉花。

3 嘴巴&頭部花紋沾附白膠貼於頭部前片。

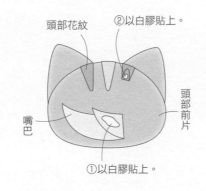

4 在嘴巴進行刺繡。

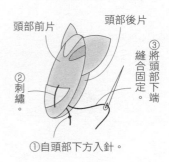

5 接上插入式豆豆眼。

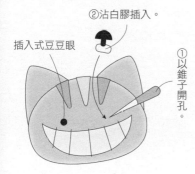

6 在身體前片進行刺繡。

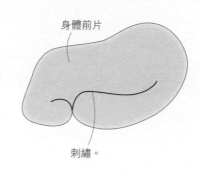

7 接縫身體&填入棉花。

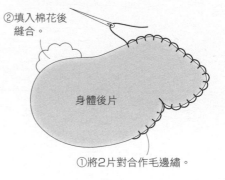

8 以白膠貼上身體花紋。

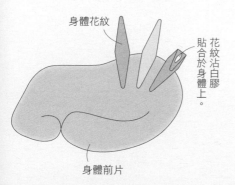

9 接縫身體&頭部。

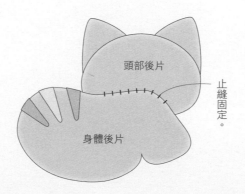

10 完成！

材料

・不織布
　（白色）10cm×10cm
　（祖母綠）7cm×5cm
　（深藍色）5cm×5cm
　（黃色）4cm×4cm
　（紅色）4cm×3cm
・插入式豆豆眼
　（茶色 3.5mm）2個
・25號繡線
　（與不織布同色・綠色・茶色）
・手工藝棉花適量
・手工藝用白膠
・粉蠟筆（粉紅色）
・雙面膠帶
●縫線使用1股與不織布同色的25號繡線。
●縫合方法＆刺繡針法參見P.34。
●原寸紙型參見P.77。

作法

1 製作＆接縫耳朵。

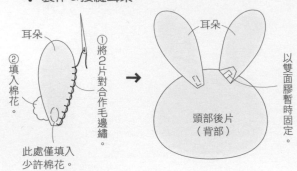

耳朵
②填入棉花。
①將2片對合作毛邊繡。
此處僅填入少許棉花。

耳朵
頭部後片（背部）
以雙面膠暫時固定。

2 接縫頭部＆填入棉花。

①將2片對合作毛邊繡。
頭部前片
②填入棉花後縫合。

3 進行刺繡＆接上眼睛（插入式豆豆眼）。

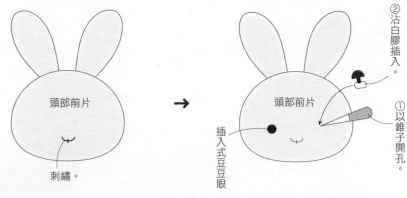

頭部前片
刺繡。

頭部前片
②沾白膠插入。
①以錐子開孔。
插入式豆豆眼

4 夾入手腳，接縫身體＆填入棉花。

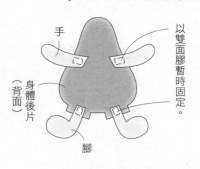

手
身體後片（背面）
腳
以雙面膠暫時固定。

②填入棉花後縫合。
此處僅填入少許棉花。
身體前片
①將2片對合作毛邊繡。

5 以背心包夾身體後縫合。

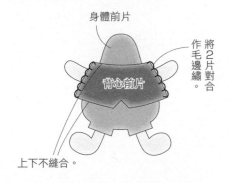

身體前片
背心前片
將2片對合作毛邊繡。
上下不縫合。

6 接縫身體＆頭部。

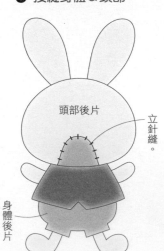

頭部後片
立針縫。
身體後片

7 製作＆加上蝴蝶結。

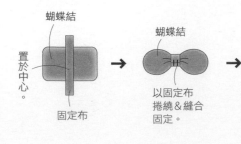

蝴蝶結
置於中心。
固定布

蝴蝶結
以固定布捲繞＆縫合固定。

頭部前片
沾白膠貼上。
背心前片

8 以粉蠟筆上色。

耳朵

以粉蠟筆上色
（參見P.79）。

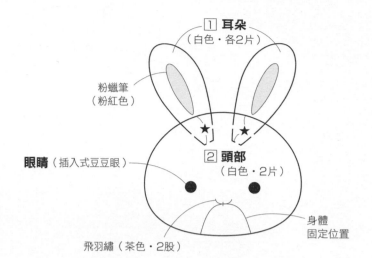

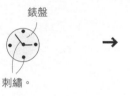

9 製作時鐘。

錶盤

刺繡。

龍頭

以雙面膠
暫時固定。

時鐘（背面）

時鐘

將2片對合
作毛邊繡。

時鐘

以白膠貼上。

錶盤

10 貼上時鐘。

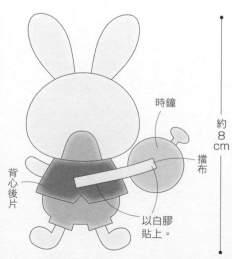

時鐘

擋布

背心後片

以白膠
貼上。

11 完成！

約8cm

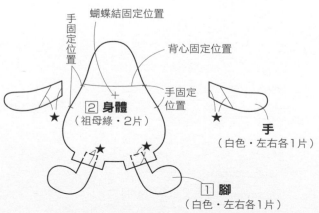

＊不織布不外加縫份，依紙型線條裁剪即可。
＊★＝重疊部分。
＊□內的數字代表重疊紙型的層次，
　請分開製作紙型並依數字順序重疊製作。

① 耳朵
（白色・各2片）

粉蠟筆
（粉紅色）

★

② 頭部
（白色・2片）

眼睛（插入式豆豆眼）

飛羽繡（茶色・2股）

身體固定位置

① 龍頭
（黃色・1片）

針
直線繡
（綠色・1股）

② 錶盤
（白色・1片）

擋布固定位置

擋布固定位置

背心
（深藍色・2片）

③ 時鐘
（黃色・2片）

法式結粒繡
（深藍色・1股）

蝴蝶結固定布
（紅色・1片）

擋布
（白色・1片）

蝴蝶結
（紅色・1片）

手固定位置

蝴蝶結固定位置

背心固定位置

手固定位置

② 身體
（祖母綠・2片）

★

手
（白色・左右各1片）

★

① 腳
（白色・左右各1片）

材料
・不織布
　（藍色）10cm×10cm
　（原色）10cm×9cm
　（金黃色）8cm×10cm
　（白色）8cm×5cm
　（深藍色）5cm×5cm
・蕾絲0.7cm寬6cm
・插入式豆豆眼
　（茶色 4mm）2個
・25號繡線
　（與不織布同色・茶色）
・手工藝棉花適量
・手工藝用白膠
・粉蠟筆（粉紅色）
・雙面膠帶
●縫線使用1股與不織布同色的25號繡線。
●縫合方法＆刺繡針法參見P.34。
●原寸紙型參見P.79。

作法

1 接縫頭部＆填入棉花。

②填入棉花後縫合。

①將2片對合作毛邊繡。

頭部

2 刺繡＆接上眼睛
（插入式豆豆眼）。

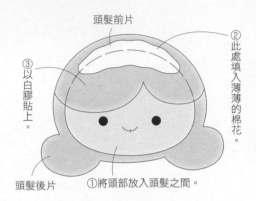

③沾白膠插入。

頭部前片

插入式豆豆眼

②以錐子開孔。

①刺繡。

3 製作＆接縫頭髮。

將2片對合作毛邊繡。

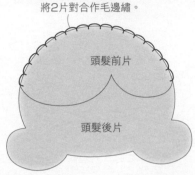

頭髮前片

頭髮後片

②此處填入薄薄的棉花。

③以白膠貼上。

①將頭部放入頭髮之間。

頭髮前片

頭髮後片

6 接縫洋裝＆填入棉花。

②填入棉花後縫合。

此處僅填入少許棉花。

洋裝前片

①將2片對合作毛邊繡。

4 貼上緞帶。

緞帶

以白膠貼上。

頭髮前片

5 製作手＆腳，並接縫於洋裝上。

②填入棉花後縫合。

此處僅填入少許棉花。

手

①將2片對合作毛邊繡。

②填入棉花後縫合。

①將2片對合作毛邊繡。

此處僅填入少許棉花。

腳

洋裝後片（背面）

以雙面膠暫時固定。

手

腳

8 接縫頭部＆洋裝。

①掀起頭髮後片。

②立針縫。

洋裝後片

頭部後片

7 貼上圍裙。

洋裝前片

圍裙

將圍裙的上端沾白膠貼在洋裝上。

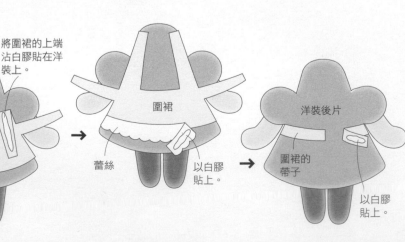

圍裙

蕾絲

以白膠貼上。

洋裝後片

圍裙的帶子

以白膠貼上。

9 貼上衣領。

以白膠貼上。

衣領

圍裙

10 以粉蠟筆上色。

以粉蠟筆上色。

棉花棒

粉蠟筆

將粉蠟筆削成粉狀，
以棉花棒暈開&沾附顏色。

＊不織布不外加縫份，依紙型線條裁剪即可。
＊□內的數字代表重疊紙型的層次，
　請分開製作紙型並依數字順序重疊製作。

緞帶固定位置

② 頭髮前片
（金黃色・1片）

① 頭髮後片
（金黃色・1片）

11 完成！

約
9.5
cm

緞帶
（藍色・1片）

頭部
（原色・2片）

眼睛（插入式豆豆眼）

頭髮前片固定位置

嘴巴
飛羽繡
（茶色・1股）

粉蠟筆（粉紅色）

衣領
（白色・2片）

頭部固定位置

衣領固定位置

手固定位置

手固定位置

手
（原色・2片）

洋裝
（藍色・2片）

圍裙
固定位置

手
（原色・2片）

圍裙
（白色・1片）

蕾絲固定位置

腳固定位置

腳
（深藍色・各2片）

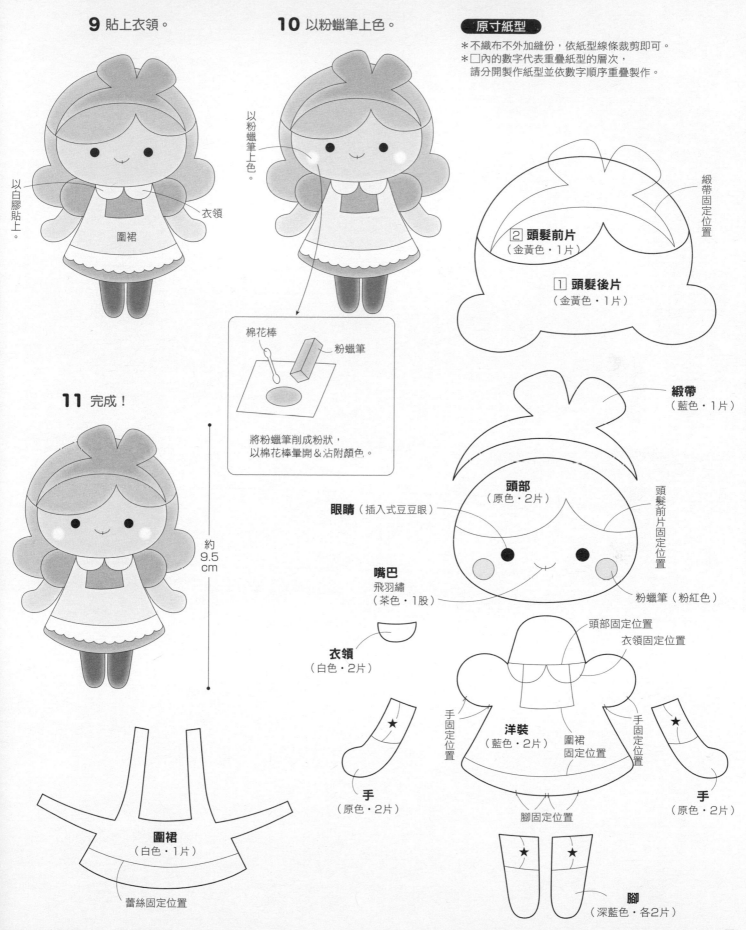

材料
・不織布
（白色）12cm×8cm
（淺茶色）6cm×8cm
（焦茶色）4cm×3cm
（淺紫色）3cm×4cm
（紅色）3cm×2cm
・插入式豆豆眼
（茶色 3.5mm）2個
・鈕釦（紫色6mm）1個
・合成皮風緞帶（茶色）5mm寬 12cm
・雙面膠帶
・25號繡線
（白色・淺茶色・淺紫色・茶色）
・手工藝棉花適量
・手工藝用白膠
●縫線使用1股與不織布同色的25號繡線。
●縫合方法&刺繡針法參見P.34。
●原寸紙型參見P.81。

作法 **1** 夾入手，接縫身體&填入棉花。

手
身體後片
（背面）
以雙面膠暫時固定。

→

身體前片
①將2片對合作毛邊繡。
②填入棉花後縫合。

2 夾入鞋子&縫合褲子。

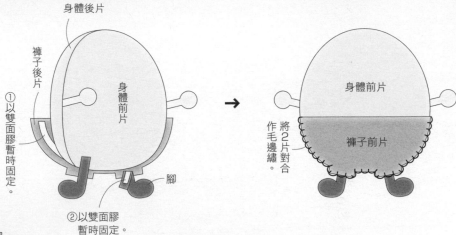

身體後片
褲子後片
身體前片
①以雙面膠暫時固定。
②以雙面膠暫時固定。
腳

→

身體前片
褲子前片
將2片對合作毛邊繡。

3 接上腰帶。

長12cm的合成皮革風緞帶
在正中間縫上鈕釦。

↓

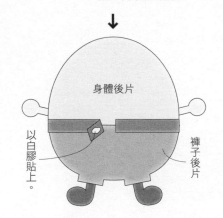

身體後片
以白膠貼上。
褲子後片

4 進行刺繡，並接上眼睛（插入式豆豆眼）&臉頰。

①刺繡。
③沾白膠插入。
頭部前片
②以錐子開孔。
④以白膠貼上。

5 製作帽子。

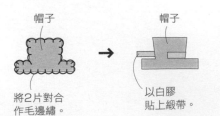

帽子
帽子
將2片對合作毛邊繡。
以白膠貼上緞帶。

6 加上帽子。

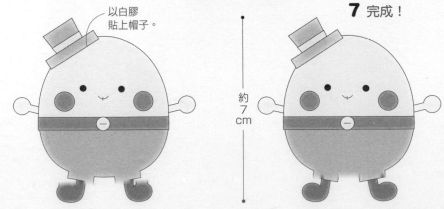

以白膠貼上帽子。

7 完成！

約7cm

材料
・不織布
（淺紫色）12cm×5cm
（白色）3cm×4cm
・緞帶（格子）7mm寬 25cm
・25號繡線（淺紫色）
・手工藝棉花適量
・手工藝用白膠
●縫線使用1股與不織布同色的
25號繡線。
●縫合方法＆刺繡針法參見P.34。

作法

1 接縫帽子＆填入棉花。

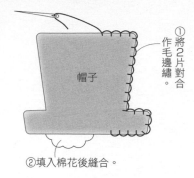

①將2片對合作毛邊繡。

帽子

②填入棉花後縫合。

2 在卡片上刺繡。

刺繡。

卡片

3 以白膠貼上卡片。

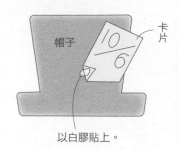

帽子

卡片

以白膠貼上。

4 以白膠貼上緞帶。

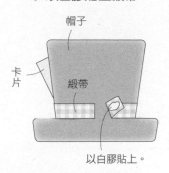

帽子

卡片

緞帶

以白膠貼上。

5 緞帶打結後，以白膠貼上。

1.5cm

2cm

將剩餘的緞帶打一個蝴蝶結，以白膠貼上。

6 完成！

約3.5cm

原寸紙型

＊不織布不外加縫份，依紙型線條裁剪即可。
＊★＝重疊部分。
＊□內的數字代表重疊紙型的層次，
　請分開製作紙型並依數字順序重疊製作。

帽子固定位置

飛羽繡（茶色・2股）

眼睛（插入式豆豆眼）

手固定位置

② **臉頰**（紅色・2片）

① **65 身體**（白色・2片）

褲子固定位置

手固定位置

65 手（白色・左右各1片）

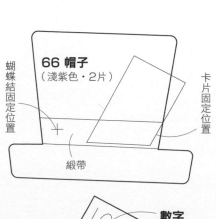

蝴蝶結固定位置

66 帽子（淺紫色・2片）

卡片固定位置

緞帶

合成皮風緞帶

鈕釦（直徑6mm）

② **65 褲子**（淺茶色・2片）

65 帽子（淺紫色・2片）

66 卡片（白色・1片）

數字 回針繡（淺紫色・1股）

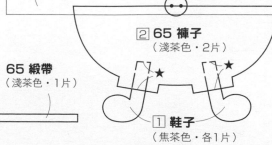

65 緞帶（淺茶色・1片）

① **鞋子**（焦茶色・各1片）

作法

2 接縫身體&填入棉花。

67 材料
・不織布
　（黑色）10cm×18cm
　（白色）9cm×9cm
・插入式豆豆眼
　（黑色 3mm）2個
・毛根（茶色 3mm）18cm
・25號繡線
　（與不織布同色）
・手工藝棉花適量
・手工藝用白膠
・雙面膠

68 材料
・不織布
　（白色・紅色）9cm×9cm
・插入式豆豆眼
　（茶色 3mm）2個
・毛根（茶色 3mm）18cm
・25號繡線
　（與不織布同色）
・手工藝棉花適量
・手工藝用白膠
・雙面膠
●縫線使用1股與不織布同色的
　25號繡線。
●縫合方法&刺繡針法參見P.34。
●原寸紙型參見P.83。

1 以毛根製作&接上手腳。

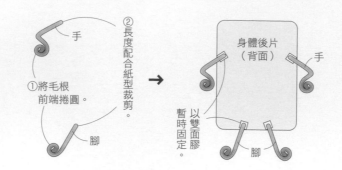

①將毛根前端捲圓。
②長度配合紙型裁剪。
手
腳
身體後片（背面）
手
腳
以雙面膠暫時固定。

②填入棉花後縫合。
身體前片
①將2片對合作毛邊繡。

3 縫上臉部後,縫合頭部&填入棉花。

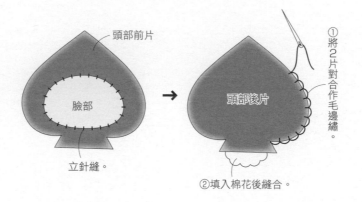

頭部前片
臉部
立針縫。
頭部後片
①將2片對合作毛邊繡。
②填入棉花後縫合。

4 接縫頭部&身體。

頭部後片
立針縫
身體後片

5 製作臉部表情&貼上標誌。

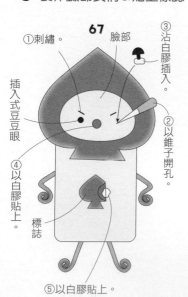

67
①刺繡。
臉部
③沾白膠插入。
插入式豆豆眼
②以錐子開孔。
④以白膠貼上。
標誌
⑤以白膠貼上。

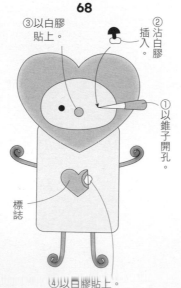

68
③以白膠貼上。
②插入
沾白膠
①以錐子開孔。
標誌
④以白膠貼上。

6 完成!

67
約8.5cm

68
約8cm

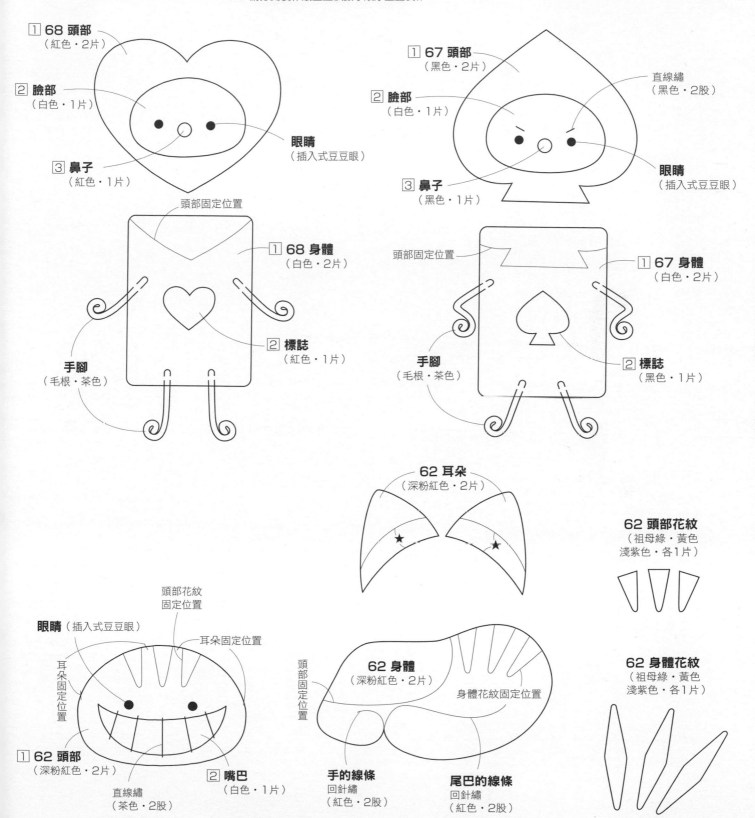

＊不織布不外加縫份，依紙型線條裁剪即可。
＊★＝重疊部分。
＊□內的數字代表重疊紙型的層次，
　請分開製作紙型並依數字順序重疊製作。

1 68 頭部
（紅色・2片）

2 臉部
（白色・1片）

3 鼻子
（紅色・1片）

眼睛
（插入式豆豆眼）

頭部固定位置

1 68 身體
（白色・2片）

2 標誌
（紅色・1片）

手腳
（毛根・茶色）

1 67 頭部
（黑色・2片）

直線繡
（黑色・2股）

2 臉部
（白色・1片）

3 鼻子
（黑色・1片）

眼睛
（插入式豆豆眼）

頭部固定位置

1 67 身體
（白色・2片）

2 標誌
（黑色・1片）

手腳
（毛根・茶色）

62 耳朵
（深粉紅色・2片）

62 頭部花紋
（祖母綠・黃色
淺紫色・各1片）

眼睛（插入式豆豆眼）

頭部花紋
固定位置

耳朵固定位置

耳朵
固定位置

62 身體
（深粉紅色・2片）

頭部
固定位置

身體花紋固定位置

62 身體花紋
（祖母綠・黃色
淺紫色・各1片）

1 62 頭部
（深粉紅色・2片）

直線繡
（茶色・2股）

2 嘴巴
（白色・1片）

手的線條
回針繡
（紅色・2股）

尾巴的線條
回針繡
（紅色・2股）

材料
- 不織布
　（白色）15cm×10cm
　（淺紫色）10cm×5cm
　（黑色）6cm×2cm
- 小圓珠（黑色）2個
- 大圓珠（黑色）2個
- 25號繡線
　（與不織布同色・紅色）
- 手工藝棉花適量
- 手工藝用白膠
- 粉蠟筆（朱紅色）
●縫線使用1股與不織布同色的25號繡線。
●縫合方法＆刺繡針法參見P.34。
●原寸紙型參見P.85。

作法

1 接縫身體＆填入棉花。

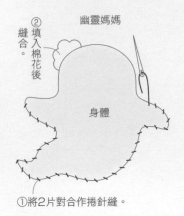

②填入棉花後縫合。
幽靈媽媽
身體
①將2片對合作捲針縫。

幽靈小孩
②填入棉花後縫合。
身體
①將2片對合作捲針縫。

2 縫上眼睛（圓珠）＆進行刺繡。

①以黑色繡線縫上大圓珠。

幽靈媽媽
身體
②刺繡。

幽靈小孩
①以黑色繡線縫上小圓珠。
身體
②刺繡。

※自身體後片側入針，穿縫大圓珠＆用力拉緊固定。
　縫線需穿繞兩次。

3 以粉蠟筆上色。

幽靈媽媽

身體
以粉蠟筆上色（參見P.79）。

幽靈小孩

身體
以粉蠟筆上色（參見P.79）。

4 製作＆接縫帽子。

幽靈媽媽

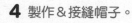

將2片對合作捲針縫。
帽子

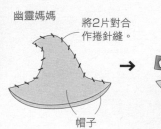

→

帽子
以白膠貼上。捲繞帶子＆

→

縫合固定。戴上帽子＆
身體後片

幽靈小孩
將2片對合作捲針縫。
帽子

→

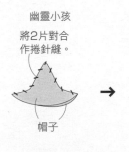

縫合固定。戴上帽子＆

5 接縫幽靈媽媽＆小孩。

接縫。

幽靈媽媽　　　幽靈小孩

6 完成！

約7cm
約4.5cm

作法 **1** 將臉部貼上牙齒。　　**2** 裁剪本體前片。

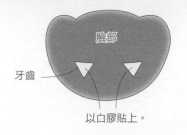

臉部

牙齒

以白膠貼上。

本體前片

剪空。

材料

・不織布
　（黃色）15cm×6cm
　（黑色）7cm×6cm
　（黃綠色）2cm×3cm
　（白色）2cm×2cm
・25號繡線（黃色）
・手工藝棉花適量
・手工藝用白膠
・粉蠟筆（橘色）
●縫線使用1股與不織布同色的
　25號繡線。
●縫合方法＆刺繡針法參見P.34。

3 將本體前片貼上臉部。

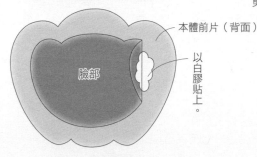

本體前片（背面）

臉部

以白膠貼上。

4 在本體前片接上南瓜梗。

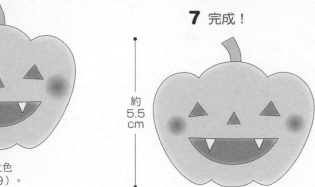

南瓜梗

立針縫。

5 接縫本體＆填入棉花。

②填入棉花後縫合。

本體後片

①將2片對合作捲針縫。

6 以粉蠟筆上色。

以粉蠟筆上色
（參見P.79）。

7 完成！

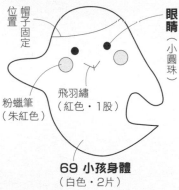

約
5.5
cm

帽子帶子
（黑色・1片）

原寸紙型

＊不織布不外加縫份，依紙型線條裁剪即可。
＊□內的數字代表重疊紙型的層次，
　請分開製作紙型並依數字順序重疊製作。

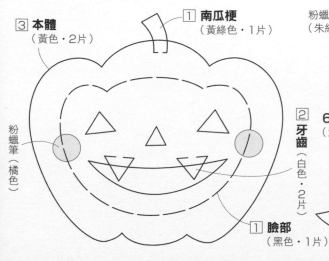

③ **本體**
　（黃色・2片）

① **南瓜梗**
　（黃綠色・1片）

粉蠟筆
（橘色）

② **牙齒**
　（白色・2片）

① **臉部**
　（黑色・1片）

帽子固定位置

眼睛
（小圓珠）

粉蠟筆
（朱紅色）

飛羽繡
（紅色・1股）

69 小孩身體
（白色・2片）

② **69 媽媽帽子**
（淺紫色・2片）

固定位置

帶子

69 小孩帽子
（淺紫色・2片）

帽子固定位置

飛羽繡
（紅色・1股）

眼睛
（大圓珠）

粉蠟筆
（朱紅色）

69 媽媽身體
（白色・2片）

手固定位置

材料
・不織布
　（黑色）15cm×10cm
　（黃色）3cm×3cm
・特大串珠（黑色 4mm）2個
・25號繡線
　（黑色・橘色）
・手工藝棉花適量
・手工藝用白膠
●縫線使用1股與不織布同色的25號繡線。
●縫合方法＆刺繡針法參見P.34。

【原寸紙型】

＊不織布不外加縫份，依紙型線條裁剪即可。
＊★＝重疊部分。
＊□內的數字代表重疊紙型的層次，
　請分開製作紙型並依數字順序重疊製作。

① **外耳**
（黑色・2片）

② **內耳**
（黃色・2片）

耳朵固定位置　① **頭部**
　　　　　　　（黑色・2片）

眼睛（特大串珠）

② **眼白**
（黃色・2片）

緞面繡
（橘色・1股）

直線繡
（橘色・1股）

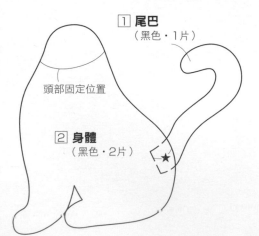

① **尾巴**
（黑色・1片）

頭部固定位置

② **身體**
（黑色・2片）

作法

1 在頭部前片進行刺繡。

頭部前片

刺繡。

2 製作＆接縫耳朵。

外耳

內耳

以白膠貼上。

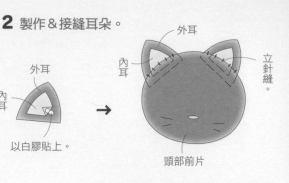

外耳

內耳

立針縫。

頭部前片

3 接縫頭部＆填入棉花。

①將2片對合
　作捲針縫。

頭部後片

②填入棉花後縫合。

5 將身體前片接縫上尾巴。

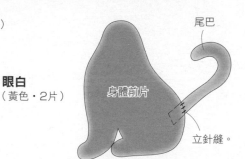

尾巴

身體前片

立針縫。

4 縫上眼睛（特大串珠）＆眼白。

特大串珠

眼白

②用力拉緊，
　固定眼白。

①自頭部下方入針。

※縫線穿繞兩次。

6 接縫身體＆填入棉花。

②填入棉花後
　縫合。

身體後片

①將2片對合作捲針縫。

7 接縫頭部＆身體。

頭部後片

身體後片

縫合固定。

8 完成！

約8cm

材料
・不織布
（鼠灰色）10cm×10cm
・大圓珠（黑色）2個
・25號繡線
（與不織布同色・茶色・白色・黑色）
・手工藝棉花適量
●縫線使用1股與不織布同色的25號繡線。
●縫合方法＆刺繡針法參見P.34。

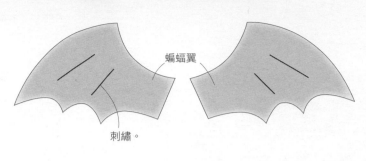

作法 **1** 在蝙蝠翼上進行刺繡。

蝙蝠翼

刺繡。

2 將身體縫上耳朵＆蝙蝠翼。

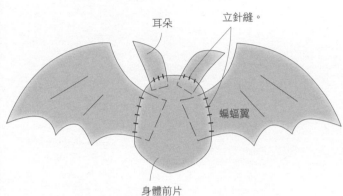

耳朵

立針縫。

蝙蝠翼

身體前片

3 接縫身體＆填入棉花。

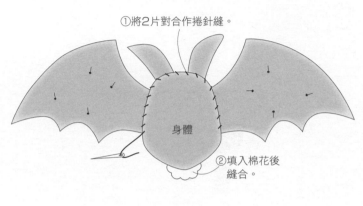

①將2片對合作捲針縫。

身體

②填入棉花後縫合。

4 縫上眼睛（大圓珠）＆進行刺繡。

以黑色繡線縫上大圓珠。

身體

刺繡。

※自身體後片側入針，穿縫大圓珠＆用力拉緊固定。
　縫線需穿繞兩次。

5 完成！

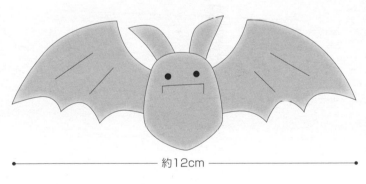

約12cm

原寸紙型

＊不織布不外加縫份，
　依紙型線條裁剪即可。
＊★＝重疊部分。
＊□內的數字代表重疊紙型的層次，
　請分開製作紙型並依數字順序重疊製作。

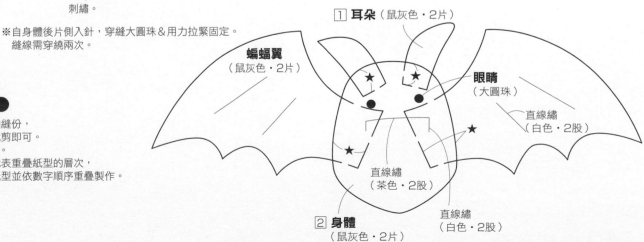

1 **耳朵**（鼠灰色・2片）

蝙蝠翼
（鼠灰色・2片）

眼睛
（大圓珠）

直線繡
（白色・2股）

直線繡
（茶色・2股）

2 **身體**
（鼠灰色・2片）

直線繡
（白色・2股）

材料
・不織布
　（白色）17cm×9cm
　（黃綠色）18cm×2cm
　（霜降灰）5cm×5cm
　（黑色・紅色）2cm×3cm
・鈕釦（紅色 11.5mm）1個
・大圓珠（黑色）2個
・25號繡線
　（白色・灰色・黑色・紅色）
・手工藝棉花適量
●霜降灰的縫線使用灰色，
　其他取1股與不織布同色的25號繡線。
●縫合方法＆刺繡針法參見P.34。
●原寸紙型參見P.56。

作法

1 將身體前片縫上鈕釦。

身體前片

縫上鈕釦。

2 製作＆縫上鼻子。

②填入棉花。
鼻子
①捲針縫。

立針縫。

鼻子

身體前片

3 接縫身體＆填入棉花。

②填入棉花後縫合。

身體後片

①將2片對合作捲針縫。

4 縫上眼睛（大圓珠）。

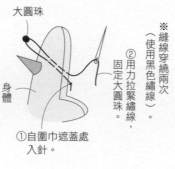

大圓珠

身體

※縫線穿繞兩次（使用黑色繡線）。

②用力拉緊繡線，固定大圓珠。

①自圍巾遮蓋處入針。

5 縫上帽子。

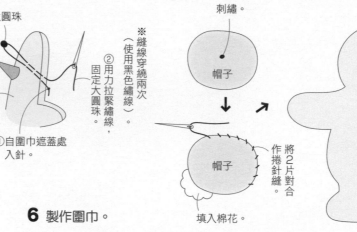

刺繡。

帽子

帽子

填入棉花。

將2片對合作捲針縫。

接縫固定。

帽子

身體後片

6 製作圍巾。

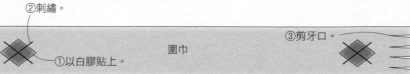

②刺繡。

①以白膠貼上。

圍巾

③剪牙口。

7 捲上圍巾。

捲上圍巾。

身體前片

8 完成！

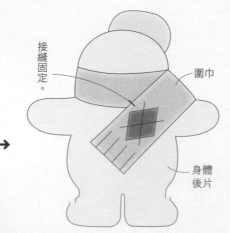

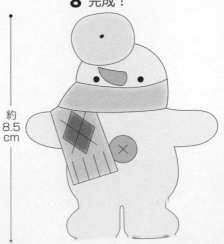

接縫固定。

圍巾

身體後片

約8.5cm

材料
・不織布
　（黃綠色）15cm×9cm
　（焦茶色）9cm×4cm
・鈕釦
　（綠色 11.5mm）3個
　（白色 11.5mm）2個
　（紅色 11.5mm）2個
・25號繡線
　（與不織布同色・綠色
　白色・紅色）
・手工藝棉花適量
●縫線使用1股與不織布同色的
　25號繡線。
●縫合方法&刺繡針法參見P.34。

作法

1 接縫樹幹&填入棉花。

②填入棉花。

①將2片對合作捲針縫。

樹幹

2 接縫聖誕樹主體&填入棉花。

聖誕樹主體

①將2片對合作捲針縫。

②填入棉花。

3 接縫樹幹&聖誕樹主體。

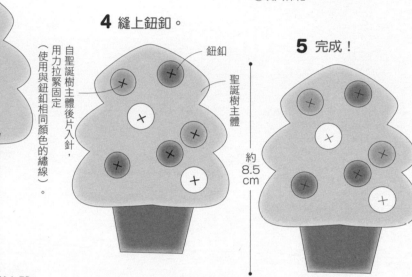

聖誕樹主體

②立針縫。

①將樹幹放入聖誕樹主體中。

樹幹

自聖誕樹主體後片入針，用力拉緊固定（使用與鈕釦相同顏色的繡線）。

4 縫上鈕釦。

鈕釦

聖誕樹主體

5 完成！

聖誕樹主體

約8.5cm

原寸紙型

＊不織布不外加縫份，依紙型線條裁剪即可。
＊★=重疊部分。
＊□內的數字代表重疊紙型的層次，請分開製作紙型並依數字順序重疊製作。

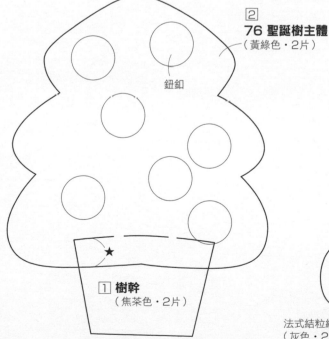

鈕釦

② **76 聖誕樹主體**
（黃綠色・2片）

★

① **樹幹**
（焦茶色・2片）

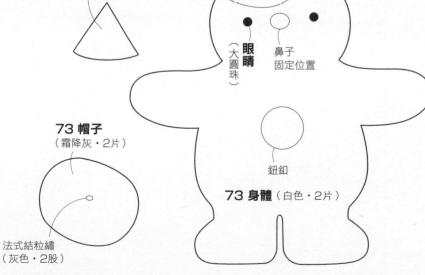

73 鼻子
（紅色・1片）

帽子固定位置

眼睛
（大圓珠）

鼻子固定位置

73 帽子
（霜降灰・2片）

法式結粒繡
（灰色・2股）

鈕釦

73 身體（白色・2片）

直線繡
（紅色・2股）

裝飾（黑色・2片）

剪牙口位置

73 圍巾（黃綠色・1片）

材料
・不織布
　（紅色）15cm×13cm
　（白色）11cm×7cm
　（膚色）9cm×8cm
　（黑色）5cm×5cm
・香菇釦（紅色 8mm）1個
・大圓珠（黑色）2個
・25號繡線
　（與不織布同色）
・手工藝棉花適量
・手工藝用白膠
・粉蠟筆（紅色）
●縫線使用1股與不織布同色的25號繡線。
●縫合方法＆刺繡針法參見P.34。
●原寸紙型參見P.91。

作法

1 接縫頭部＆填入棉花。

②填入棉花後縫合。

頭部

①將2片對合作捲針縫。

2 縫上眼睛（大圓珠）＆鼻子（香菇釦），
並以粉蠟筆上色。

接縫香菇釦。

頭部

接縫大圓珠。

以粉蠟筆上色
（參見P.79）。

※自頭部後片入針，穿縫香菇釦・大圓珠＆用力拉緊固定。縫線需穿繞兩次。

3 接縫身體＆填入棉花。

手放入的位置暫不縫合。

身體

①將2片對合作捲針縫。

②填入棉花後縫合。

鞋子放入的位置暫不縫合。

4 接縫鞋子＆填入棉花。

②填入棉花。

鞋子

①將2片對合作捲針縫。

5 接縫手＆填入棉花。

②填入棉花。

手

手

①將2片對合作捲針縫。

6 將身體接縫上手＆腳。

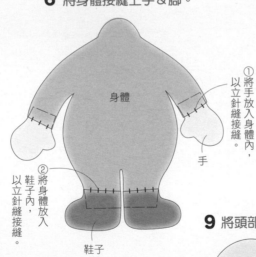

身體

①將手放入身體內，以立針縫接縫。

手

②將身體放入鞋子內，以立針縫接縫。

鞋子

7 將身體接縫上腰帶。

身體後片

捲上腰帶，縫合固定。

8 接縫身體＆頭部。

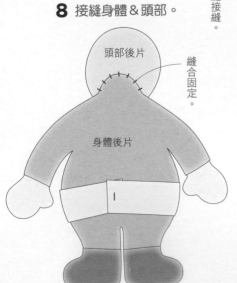

頭部後片

縫合固定。

身體後片

9 將頭部前片接縫上鬍鬚。

頭部前片

止縫固定。

鬍鬚

10 製作帽子。

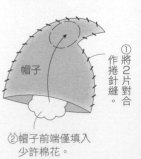

帽子

①將2片對合作捲針縫。

②帽子前端僅填入少許棉花。

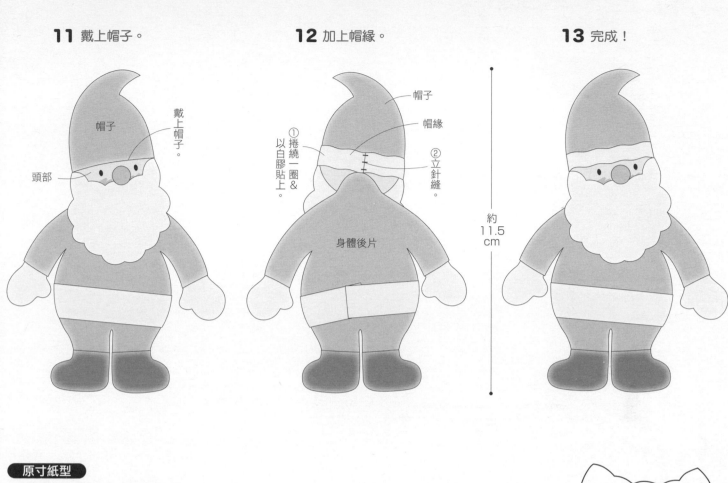

11 戴上帽子。

帽子

頭部

戴上帽子。

12 加上帽緣。

帽子

帽緣

① 捲繞一圈＆以白膠貼上。

② 立針縫。

身體後片

13 完成！

約
11.5
cm

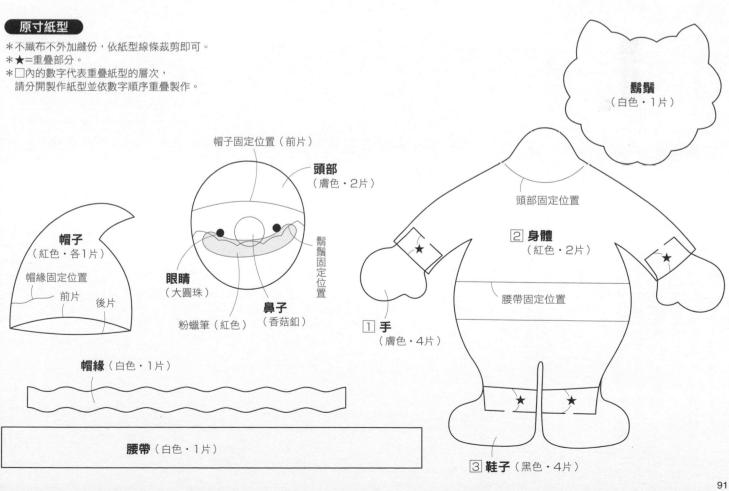

原寸紙型

＊不織布不外加縫份，依紙型線條裁剪即可。
＊★＝重疊部分。
＊□內的數字代表重疊紙型的層次，
　請分開製作紙型並依數字順序重疊製作。

鬍鬚
（白色・1片）

帽子固定位置（前片）

頭部
（膚色・2片）

頭部固定位置

帽子
（紅色・各1片）

帽緣固定位置

前片　　後片

眼睛
（大圓珠）

粉蠟筆（紅色）

鼻子
（香菇釦）

鬍鬚固定位置

② **身體**
（紅色・2片）

腰帶固定位置

① **手**
（膚色・4片）

帽緣（白色・1片）

腰帶（白色・1片）

③ **鞋子**（黑色・4片）

材料
- 不織布
  （淺茶色）10cm×10cm
  （綠色・白色）5cm×4cm
- 香菇釦（紅色 5mm）1個
- 大圓珠（黑色）2個
- 25號繡線
  （淺茶色・綠色・紅色・黑色）
- 手工藝棉花適量
- 縫線使用1股與不織布同色的25號繡線。
- 縫合方法＆刺繡針法參見P.34。
- **原寸紙型參見P.96。**

作法

1 將頭部前片接縫上鹿角。

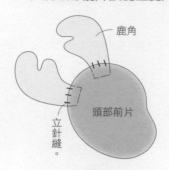

鹿角

頭部前片

立針縫。

2 將頭部前片接縫上耳朵。

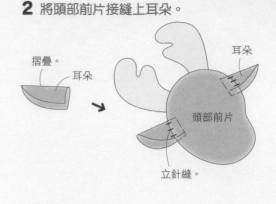

摺疊。

耳朵

耳朵

頭部前片

立針縫。

3 縫上眼睛（大圓珠）。

頭部前片

以黑色繡線縫上大圓珠。

4 接縫頭部＆填入棉花。

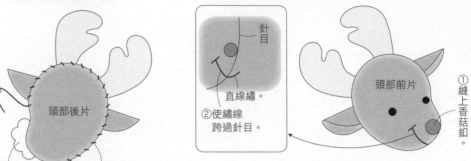

頭部後片

②填入棉花。

①將2片對合作捲針縫。

5 縫上鼻子（香菇釦）＆進行刺繡。

針目

直線繡。

②使繡線跨過針目。

頭部前片

①縫上香菇釦。

6 將身體前片接縫上尾巴。

立針縫。

尾巴

身體前片

7 接縫身體＆填入棉花。

①將2片對合作捲針縫。

身體後片

②填入棉花後縫合。

8 將身體接縫上頭部。

頭部後片

身體後片

將頭部縫合一圈固定。

9 製作＆接縫上馬鞍。

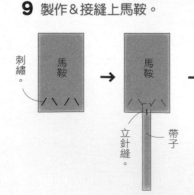

刺繡。

馬鞍

馬鞍

立針縫。

帶子

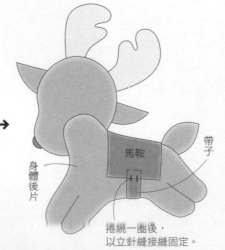

身體後片

馬鞍

帶子

捲繞一圈後，以立針縫接縫固定。

10 完成！

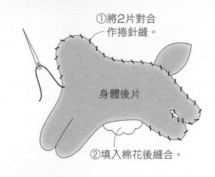

約7.5cm

＊不織布不外加縫份，依紙型線條裁剪即可。
＊★＝重疊部分。
＊□內的數字代表重疊紙型的層次，
　請分開製作紙型並依數字順序重疊製作。

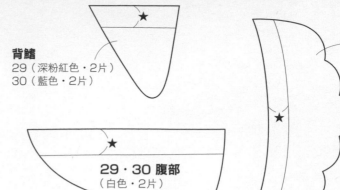

背鰭
29（深粉紅色・2片）
30（藍色・2片）

尾鰭
3029
（藍色・1片）
（深粉紅色・1片）

① 29・30 **身體**
29（粉紅色・2片）
30（藍灰色・2片）

魚鰭固定位置

回針繡
29（深粉紅色・1股）
30（藍色・1股）

② **嘴巴**
29（深粉紅色・2片）
30（藍色・2片）

② **胸鰭**
29（深粉紅色・2片）
30（藍色・2片）

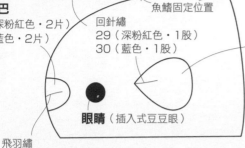

眼睛（插入式豆豆眼）

飛羽繡
（白色・1股）

29・30 腹部
（白色・2片）

魚鰭固定位置

77・78 臉頰
（淺粉紅色・2片）

回針繡
（白色・3股）

77（群青色・1片）
78（螢光粉紅・1片）

臉頰固定位置

77・78 頭部

眼睛（插入式豆豆眼）

平針繡
77（黃色・3股）
78（白色・3股）

花蕊（金黃色・2片）

78（水藍色・3股）
77（粉紅色・3股）
直線繡

77・78 大花
（白色・2片）

77・78 翅膀3
77（群青色・1片）
78（紫色・1片）

法式結粒繡
77（淺茶色・粉紅色・3股）
78（水藍色・3股）

77・78 鳥冠
77（膚色・1片）
78（黃綠色・1片）

直線繡
（白色・3股）

77・78 小花
（淺粉紅色・2片）

直線繡
77（黃色・3股）
78（淺茶色・3股）

法式結粒繡
77（黃色・3股）
78（淺茶色・3股）

77・78 鳥喙上片
（金黃色・2片）

77・78 鳥喙下片
（金黃色・1片）

翅膀1固定位置

翅膀2固定位置

翅膀3固定位置

頭部固定位置

翅膀4固定位置

77・78 身體前片
77（水藍色・1片）
78（淺粉紅色・1片）

大花固定位置

77 鳥冠固定位置

78 鳥冠固定位置

鳥喙固定位置

77（群青色・1片）
78（螢光粉紅・1片）

77・78 翅膀2
77（金黃色・1片）
78（螢光粉紅・1片）

平針繡
77（粉紅色・3股）
78（水藍色・3股）

77・78 翅膀1

小花固定位置

77（黃綠色・1片）
78（金黃色・1片）

翅膀4
77（膚色・2片／黃綠色・1片）
78（黃綠色・2片／金黃色・1片）

77・78 身體後片

小花固定位置

大花固定位置

作法

77 材料
- 不織布
  （群青色）9cm×8cm
  （金黃色）6cm×6cm
  （膚色）6cm×3cm
  （黃綠色）5cm×4cm
  （白色）5cm×3cm
  （水藍色）4cm×7cm
  （淺粉紅色）4cm×4cm
- 插入式豆豆眼
  （黑色 3mm）1個
- 25號繡線
  （黃色・白色・淺茶色・粉紅色）
- 手工藝棉花適量
- 手工藝用白膠

78 材料
- 不織布
  （螢光粉紅）9cm×8cm
  （金黃色）7cm×7cm
  （淺粉紅色）6cm×6cm
  （黃綠色）5cm×4cm
  （白色）5cm×3cm
  （紫色）4cm×3cm
- 插入式豆豆眼
  （黑色 3mm）1個
- 25號繡線
  （白色・黃綠色
  水藍色・淺茶色）
- 手工藝棉花適量
- 手工藝用白膠
- ●縫線使用1股與不織布同色的
  25號繡線。
- ●縫合方法＆刺繡針法參見P.34。
- ●原寸紙型參見P.93。

1 在翅膀2・3
進行刺繡。

翅膀2
刺繡。
翅膀3

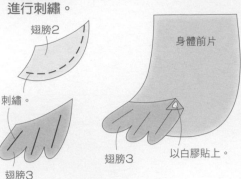

2 將身體前片接縫上翅膀1至3。

身體前片
身體前片
翅膀2
以白膠貼上。
以白膠貼上。
翅膀1
身體前片

立針縫。
77（白色）
78（黃綠色）

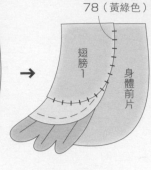

3 將身體前片接縫上頭部。

頭部
78 77
（黃）
（白色）
以平針繡接縫上頭部。
身體前片

身體後片（背面）
以白膠黏貼鳥喙上片。

4 縫上臉頰。

頭部
以直線繡接縫上臉頰。

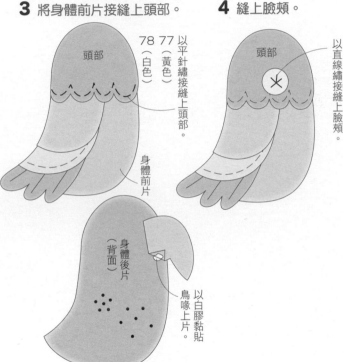

5 將身體接縫上花朵。

以直線繡接縫上小花。
在大花上放置花蕊，以刺繡接縫固定。
身體前片

身體後片
以直線繡接縫上小花。
在大花上放置花蕊，以刺繡接縫固定。

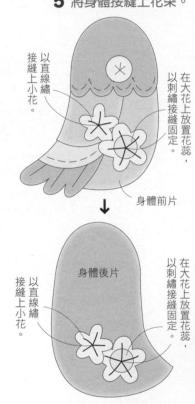

6 在身體的背面貼上鳥冠・鳥喙・翅膀4。

②以白膠貼上鳥喙上片。
①以白膠貼上鳥冠。
③以白膠貼上鳥喙下片。
身體前片（背面）
④以白膠貼上翅膀4。

※頭部的毛邊繡繡線：
77（黃色）　78（白色）
身體的毛邊繡繡線則皆使用淺茶色。

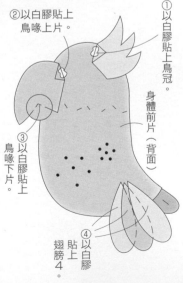

7 接縫身體前後片＆填入棉花，
再接上眼睛（插入式豆豆眼）。

①將2片對合作毛邊繡。
③以錐子開孔。
④沾白膠插入。
插入式豆豆眼
②填入棉花後縫合。
自此開始更換繡線顏色

8 完成！

77

※反轉作品**77**的方向製作作品**78**
78

約7cm

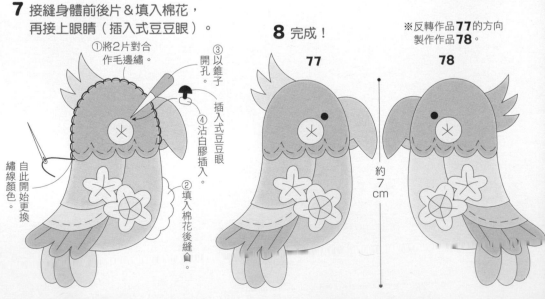

79 材料
・不織布
（鮭魚粉紅・奶油色）8cm×8cm
（金黃色）6cm×8cm
（淺粉紅色）5cm×5cm
（白色）4cm×4cm
（淺茶色）1cm×2cm
・插入式豆豆眼
（黑色 3mm）2個
・25號繡線
（白色・水藍色・黃綠色）
・手工藝棉花適量
・手工藝用白膠

80 材料
・不織布
（水藍色）8cm×8cm
（奶油色・淺綠色）6cm×8cm
（金黃色）5cm×5cm
（白色・淺粉紅色）4cm×4cm
（淺茶色）1cm×2cm
・插入式豆豆眼
（黑色 3mm）2個
・25號繡線
（白色・粉紅色・金黃色）
・手工藝棉花適量
・手工藝用白膠
●縫線使用25號繡線3股。
●縫合方法&刺繡針法參見P.34。
●原寸紙型參見P.96。

作法

1 將頭部前片接縫上臉部。

以刺繡接縫臉部。
臉部
頭部前片

2 加上眉毛・鳥喙・臉頰。

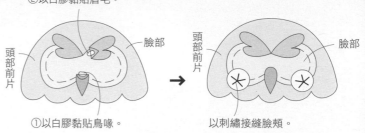

②以白膠黏貼眉毛。
臉部
頭部前片
①以白膠黏貼鳥喙。
頭部前片
臉部
以刺繡接縫臉頰。

3 將身體前片接縫上翅膀。

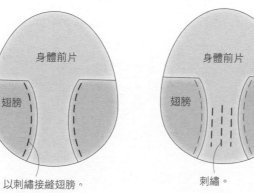

身體前片
翅膀
以刺繡接縫翅膀。

4 在身體前片進行刺繡。

身體前片
翅膀
刺繡

5 將身體前片接縫上花朵。

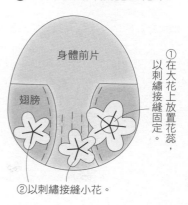

身體前片
翅膀
①在大花上放置花蕊，以刺繡接縫固定。
②以刺繡接縫小花。

6 接縫身體前片&頭部。

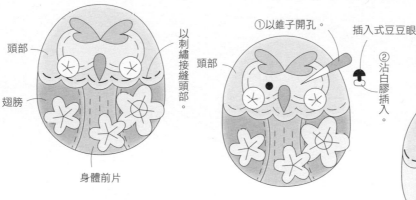

頭部
翅膀
以刺繡接縫頭部。
身體前片

7 接上眼睛（插入式豆豆眼）。

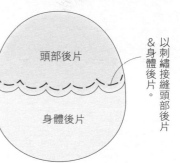

①以錐子開孔。
插入式豆豆眼
頭部
②沾白膠插入。

8 接縫身體後片&頭部後片。

頭部後片
身體後片
以刺繡接縫頭部後片&身體後片。

9 將身體後片接縫上花朵。

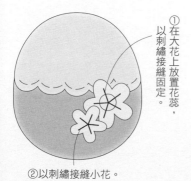

①在大花上放置花蕊，以刺繡接縫固定。
②以刺繡接縫小花。

10 接縫身體&填入棉花。

②填入棉花後縫合。
頭部前片
①將2片對合作毛邊繡。

11 完成！

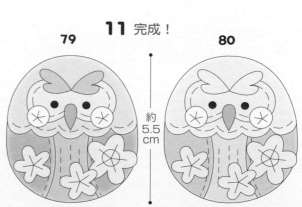

79
80
約5.5cm

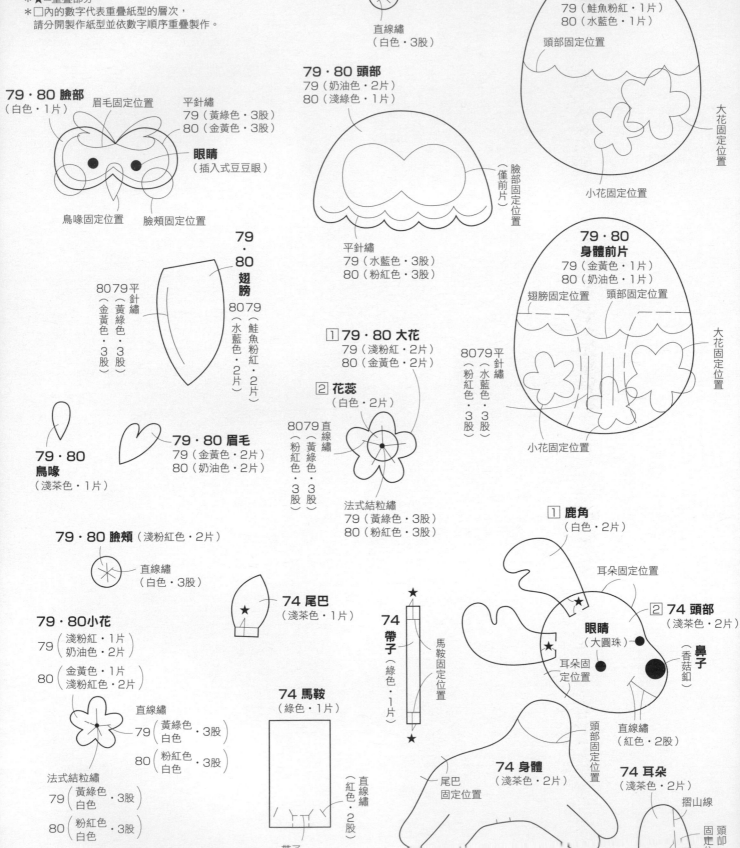

原寸紙型

＊不織布不外加縫份，依紙型線條裁剪即可。
＊★＝重疊部分。
＊□內的數字代表重疊紙型的層次，
　請分開製作紙型並依數字順序重疊製作。

79・80 臉頰
（淺粉紅色・1片）

直線繡
（白色・3股）

79・80 身體後片
79（鮭魚粉紅・1片）
80（水藍色・1片）

頭部固定位置

大花固定位置

小花固定位置

79・80 頭部
79（奶油色・2片）
80（淺綠色・1片）

臉部固定位置（僅前片）

平針繡
79（水藍色・3股）
80（粉紅色・3股）

79・80 臉部
（白色・1片）

眉毛固定位置

平針繡
79（黃綠色・3股）
80（金黃色・3股）

眼睛
（插入式豆豆眼）

鳥喙固定位置　　臉頰固定位置

79・80 身體前片
79（金黃色・1片）
80（奶油色・1片）

翅膀固定位置　　頭部固定位置

8079平針繡
（水藍色・3股）
（粉紅色・3股）

大花固定位置

小花固定位置

79・80 翅膀
8079（鮭魚粉紅色・2片）

8079平針繡
（金黃色・3股）
（黃綠色・3股）

79・80 眉毛
79（金黃色・2片）
80（奶油色・2片）

79・80 鳥喙
（淺茶色・1片）

① **79・80 大花**
79（淺粉紅・2片）
80（金黃色・2片）

② **花蕊**
（白色・2片）

8079直線繡
（粉紅色・3股）
（黃綠色・3股）

法式結粒繡
79（黃綠色・3股）
80（粉紅色・3股）

79・80 臉頰（淺粉紅色・2片）

直線繡
（白色・3股）

79・80 小花
79（淺粉紅・1片 / 奶油色・2片）
80（金黃色・1片 / 淺粉紅色・2片）

直線繡
79（黃綠色 / 白色・3股）
80（粉紅色 / 白色・3股）

法式結粒繡
79（黃綠色 / 白色・3股）
80（粉紅色 / 白色・3股）

74 尾巴
（淺茶色・1片）

74 馬鞍
（綠色・1片）

直線繡
（紅色・2股）

帶子
固定位置

74 帶子（綠色・1片）

馬鞍固定位置

① **鹿角**
（白色・2片）

耳朵固定位置

② **74 頭部**
（淺茶色・2片）

眼睛
（大圓珠）

鼻子
（香菇釦）

耳朵固定位置

直線繡
（紅色・2股）

74 身體
（淺茶色・2片）

尾巴
固定位置

頭部固定位置

74 耳朵
（淺茶色・2片）

摺山線

頭部固定位置

趣·手藝 86

暖萌！
玩偶の不織布手作遊戲

作　　者／BOUTIQUE-SHA
譯　　者／莊琇雲
發 行 人／詹慶和
總 編 輯／蔡麗玲
執行編輯／陳姿伶
編　　輯／蔡毓玲・劉蕙寧・黃璟安・李宛真
執行美編／韓欣恬
美術編輯／陳麗娜・周盈汝
內頁排版／造極
出 版 者／Elegant-Boutique新手作
發 行 者／悅智文化事業有限公司　郵政劃撥帳號／19452608
戶　　名／悅智文化事業有限公司
地　　址／220新北市板橋區板新路206號3樓
電　　話／(02)8952-4078　傳真／(02)8952-4084
網　　址／www.elegantbooks.com.tw
電子郵件／elegant.books@msa.hinet.net

2018年6月初版一刷　定價300元

Lady Boutique Series No.4343
KAWAII!GA IPPAI FELT NO MASCOT
© 2017 Boutique-sha, Inc.
All rights reserved.
Original Japanese edition published in Japan by BOUTIQUE-SHA.
Chinese (in complex character) translation rights arranged with
BOUTIQUE-SHA.
through KEIO CULTURAL ENTERPRISE CO., LTD.

經銷／易可數位行銷股份有限公司
地址／新北市新店區寶橋路235巷6弄3號5樓
電話／(02)8911-0825　傳真／(02)8911-0801

國家圖書館出版品預行編目(CIP)資料

暖萌！玩偶の不織布手作遊戲 / BOUTIQUE-SHA授
權；莊琇雲譯.
-- 初版. -- 新北市：新手作出版：悅智文化發行,
2018.06
　　面；　公分. -- (趣.手藝；86)
ISBN 978-986-96076-7-4(平裝)

1.玩具 2.手工藝

426.78　　　　　　　　　　　　　　107006785

Staff
編　　輯／名取美香、矢島悠子
作法校閱／北脇美秋
攝　　影／藤田律子
畫面設計／牧陽子
插　　圖／長浜恭子

趣・手藝 27

紙の創意！一起來作75道簡單
又好玩的摺紙甜點×料理
BOUTIQUE-SHA◎著
定價280元

趣・手藝 28

活用度100%！500枚橡皮章日日
刻
BOUTIQUE-SHA◎著
定價280元

趣・手藝 29

nap's小可愛手作帖：小玩皮！
雜貨控的手縫皮革小物
長崎優子◎著
定價280元

趣・手藝 30

誘人的夢幻手作！光澤感×超
擬真・一眼就愛上の甜點黏土
飾品37款（暢銷版）
河出書房新社編輯部◎著
定價300元

趣・手藝 31

心意・造型・色彩all in one
一次學會緞帶×紙張の包裝設
計24招！
長谷良子◎著
定價300元

趣・手藝 32

黏上女孩の優雅&浪漫
天然石×珍珠の結編飾品設計
69款
日本ヴォーグ社◎著
定價280元

趣・手藝 33

Party Time！女孩兒的可愛不織
布甜點家家酒：廚房用具×甜點
×麵包×Pizza×餐盒×套餐
BOUTIQUE-SHA◎著
定價280元

趣・手藝 34

動動手指就OK！三秒鐘・愛上
62枚可愛的摺紙小物
BOUTIQUE-SHA◎著
定價280元

趣・手藝 35

簡單好縫大成功！一次學會65
件超可愛皮小物×實用長夾
金澤明美◎著
定價320元

趣・手藝 36

超好玩＆超益智！趣味摺紙大
全集一完整收錄157件超人氣
摺紙動物×紙玩具
主婦之友社◎授權
定價380元

趣・手藝 37

大日子×小手作！365天都能
送的祝福系手作黏土禮物提案
FUN送BEST.60
幸福豆手創館（胡瑞娟 Regin）
師生合著
定價320元

趣・手藝 38

100%可愛の塗鴉裝飾！
手帳控＆卡片迷都想學的手繪
風文字圖繪750點
BOUTIQUE-SHA◎授權
定價280元

趣・手藝 39

不澆水！黏土作的啦！超可愛
多肉植物小花園：仿真雜貨×
人氣配色×懶人在家也能作的
經典款多肉植物黏土BEST.25
蔡青芬◎著
定價350元

趣・手藝 40

簡單・好作 の不織布換裝娃
娃時尚微手作——4款風格娃娃
×80件魅力服裝＆配飾
BOUTIQUE-SHA◎授權
定價280元

趣・手藝 41

Q萌玩偶出沒注意！
輕鬆手作112隻療癒系の可愛不
織布動物
BOUTIQUE-SHA◎授權
定價280元

趣・手藝 42

【完整教學圖解】
摺×疊×剪×刻4步驟完成120
款美麗剪紙
BOUTIQUE-SHA◎授權
定價280元

趣・手藝 43

9 位人氣作家可愛發想大集合
每天都想使用的 萬用橡皮章圖
案集
BOUTIQUE-SHA◎授權
定價280元

趣・手藝 44

動物系人氣手作！
DOGS & CATS・可愛の掌心
貓狗動物偶
須佐沙知子◎著
定價300元

趣・手藝 45

初學者的第一本UV膠飾品教科書
從初學到進階！製作超人氣作
品の完美小祕訣All in one！
熊崎堅一◎監修
定價350元

趣・手藝 46

定食・麵包・拉麵・甜點・擬真
度100%！輕鬆作1/12の微型樹
脂土美食76道
ちょび子◎著
定價320元

趣・手藝 47

全齡OK！親子同樂腦力遊戲完
全版・趣味翻花繩大全集
野口廣◎監修
主婦之友社◎授權
定價399元

趣・手藝 48

牛奶盒作の美麗布盒設計60選
清爽收納×空間整線の好點子
BOUTIQUE-SHA◎授權
定價280元

趣・手藝 50

CANDY COLOR TICKET
超可愛的糖果系透明樹脂×樹脂
土甜點飾品
CANDY COLOR TICKET◎著
定價320元

趣・手藝 49

原來是黏土！MARUGOの彩色
多肉植物日記：自然素材・風
格雜貨・造型盆器懶人在家
也能作的經典多肉植物黏土
ZAKKA.27
丸子（MARUGO）◎著
定價350元

趣・手藝 51

Rose window美麗＆透光：玫瑰
窗對稱剪紙
平田朝子◎著
定價280元

趣・手藝 52

玩黏土・作陶器！可愛北歐風
別針77選
堀内さゆり◎著
定價280元

趣・手藝 53

New Open・開心玩！開一間超
人氣の不織布甜點屋
堀内さゆり◎著
定價280元

趣・手藝 54
可愛の立體剪紙花飾
Paper・Flower・Gift：小清新
生活美學・可愛の立體剪紙花
飾四季卡
くまだまり◎著
定價280元

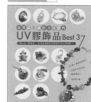